清华大学互联网产业研究院数字化转型系列丛书

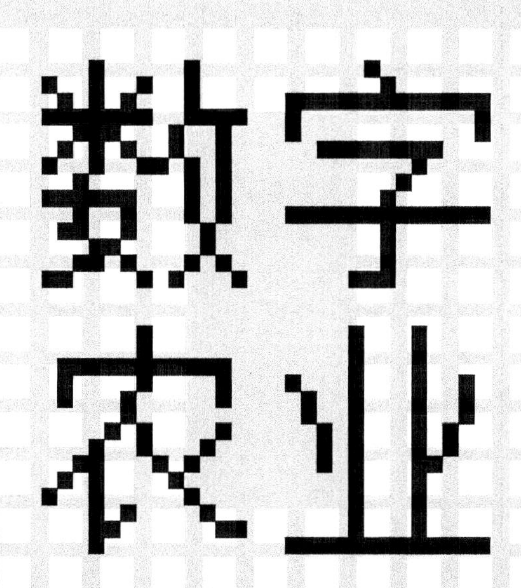

农业现代化发展的必由之路

朱　岩　田金强　刘宝平　于志慧◎编著

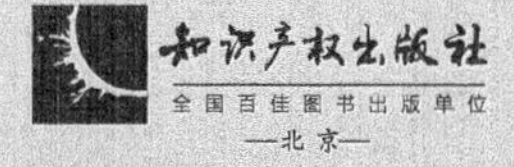

图书在版编目（CIP）数据

数字农业：农业现代化发展的必由之路/朱岩等编著. —北京：知识产权出版社，2020.12（2022.10重印）

ISBN 978-7-5130-7336-3

Ⅰ.①数… Ⅱ.①朱… Ⅲ.①数字技术—应用—农业技术 Ⅳ.①S126

中国版本图书馆CIP数据核字（2020）第248405号

内容提要

本书结合最新的国家政策中有关数字农业的发展规划以及我国农业面临的生态危机和食品安全问题，介绍我国数字农业的基本概念、发展背景和发展现状。深入阐述物联网技术、“3S”技术等数字技术在农业领域的具体应用，探讨数字农业的主要发展模式，并详细介绍数字农业优秀案例，指出数字农业发展面临的问题，给出可参考的政策建议。

责任编辑：韩　冰　　**责任校对**：谷　洋
封面设计：博华创意·张　冀　　**责任印制**：孙婷婷

数字农业
农业现代化发展的必由之路
朱　岩　田金强　刘宝平　于志慧　编著

出版发行：知识产权出版社有限责任公司	网　　址：http://www.ipph.cn
社　　址：北京市海淀区气象路50号院	邮　　编：100081
责编电话：010-82000860转8126	责编邮箱：hanbing@cnipr.com
发行电话：010-82000860转8101/8102	发行传真：010-82000893/82005070/82000270
印　　刷：北京九州迅驰传媒文化有限公司	经　　销：新华书店、各大网上书店及相关专业书店
开　　本：720mm×1000mm　1/16	印　　张：13
版　　次：2020年12月第1版	印　　次：2022年10月第3次印刷
字　　数：180千字	定　　价：79.00元

ISBN 978-7-5130-7336-3

前　言

全球范围内，数字技术正加速向各行业各领域渗透发展，全球各行各业都开启一次具有革命性的数字化转型。我国数字经济规模已经跃居世界第二位，数字经济成为我国经济社会高质量发展的重要推动力，加速推进传统行业转型升级，不断催生新模式和新业态的出现。习近平总书记强调，要推动互联网、大数据、人工智能和实体经济深度融合，加快制造业、农业、服务业数字化、网络化、智能化。近年来，国家也陆续出台数字农业相关政策和法规，推动数字农业赋能传统农业转型发展，中国农业正迎来数字经济的变革时代。

农业是我国的基础产业，也是我国从业人口最多的产业，具有安天下、稳民心的功能。当前，我国农业依然面临诸多困境，存在生产效率低下、农民增收缓慢、农业资源短缺、食品安全问题突出、污染加重等多方面的困难和挑战，农业在国民经济中长期落后的面貌至今没有得到根本改变。物联网、大数据、人工智能等新一代数字技术以其灵活便捷、应用性广、渗透力强等优势和功能，在改造提升农业的生产模式、农产品流通模式和农业信息服务模式等环节，可以发挥重要作用，有助于上述农业问题的解决和改善。数字农业将会给中国农业带来巨大的机会，引领农业朝着智慧化、生态化、精准化的方向提升。

随着城乡一体化加速推进，我国农村与城市之间的信息鸿沟呈现出缩小的趋势，农村地区信息化建设日益完善，数字技术和农业各环节的融合不断提升，“新农人”大量涌现，我国数字农业的发展基础正在加强，农产品电子商务、数字化乡村旅游、农业物联网应用等数字农业应用模式加速崛起。搭乘“数字中国”的时代快车，各地必须充分利用移动互联网、“3S”技术、大数据、5G等新一代数字技术和新型信息基础设施，转变农业生产方式，使数字技术真正服务于广大农民、服务于广袤土地，推进农业转型升级，实现农业高质量发展。

目 录
CONTENTS

第一章　认识数字农业 ………………………………………………… 1

第一节　数字农业发展背景 / 3
　　一、数字农业发展的历史背景 / 3
　　二、农业发展的现实需求 / 5
第二节　数字农业的概念 / 10
第三节　数字农业的环节 / 12
　　一、智能化农业生产 / 12
　　二、网络化农业经营 / 19
　　三、高效化农业管理 / 20
　　四、便捷化农业服务 / 22
第四节　数字农业的价值分析 / 24
　　一、提高农业生产力 / 24

二、推动农业供给侧改革 / 25
三、促进农村经济发展和农民增收 / 28
四、方便信息快捷传输 / 29

第二章 中国数字农业发展现状 …………………………………… 31

第一节 中国数字农业发展成就 / 33
一、技术储备不断增强 / 34
二、物联网应用成效显著 / 34
三、农产品销售模式加速转变 / 35
四、人才支撑日益加强 / 36
五、“三农”信息服务水平不断提升 / 37
第二节 中国数字农业支撑体系 / 38
一、国家政策支撑 / 38
二、科技支撑 / 41
三、基础设施建设支撑 / 43
四、人才支撑 / 43

第三章 数字农业关键技术 ………………………………………… 45

第一节 农业物联网技术 / 47
一、农业物联网发展概况 / 47
二、农业物联网的技术架构 / 48
三、农业物联网的主要应用领域 / 49
四、农业物联网存在的问题 / 52
第二节 农业大数据技术 / 53
一、我国农业大数据发展概述 / 53
二、农业大数据的类型 / 54

三、农业大数据的功能分析 / 55
四、我国农业大数据发展面临的问题 / 60
第三节　人工智能技术 / 62
一、我国农业领域人工智能发展概述 / 62
二、人工智能在农业领域的主要应用 / 62
三、人工智能在农业领域应用存在的问题 / 65
第四节　“3S”技术 / 66
一、“3S”技术概述 / 66
二、“3S”技术在精准农业生产中的应用 / 67
三、“3S”技术在农业应用中的挑战 / 72
第五节　区块链技术 / 73
一、区块链技术的概念和特点 / 73
二、区块链技术在农业领域中的应用条件 / 74
三、基于区块链技术的农产品溯源体系优势 / 75

第四章　数字农业国外发展现状 ………………………………… 77

第一节　美国数字农业发展概述 / 79
第二节　日本数字农业发展概述 / 83
第三节　荷兰数字农业发展概述 / 84
第四节　澳大利亚数字农业发展概述 / 86

第五章　数字农业主要模式分析 ………………………………… 89

第一节　数字农业生产——设施农业 / 91
一、设施农业概念 / 91
二、设施农业发展现状分析 / 92
三、信息技术在设施农业的应用进展 / 92

四、我国设施农业发展的问题 / 93
第二节 数字化农产品流通——农产品电子商务 / 94
一、发展农产品电子商务的价值分析 / 94
二、农产品电子商务模式分析 / 95
三、农产品电子商务发展特点分析 / 99
四、农产品电子商务发展存在的问题 / 106
第三节 数字化产品营销——农产品品牌建设 / 107
一、农产品品牌建设存在的问题 / 108
二、互联网在农产品品牌建设中的作用分析 / 109
三、互联网+农产品品牌建设的实现方式分析 / 110
第四节 互联网+信息服务——互联网土地流转 / 113
一、互联网土地流转现状 / 113
二、发展农村土地流转的意义 / 114
三、互联网土地流转模式解读 / 115
四、互联网土地流转主要平台特点分析 / 116
五、农村土地流转面临的问题 / 116
第五节 互联网+乡村旅游 / 117
一、“互联网+乡村旅游”的背景和发展现状 / 117
二、“互联网+乡村旅游”模式分析 / 123
三、“互联网+乡村旅游”案例 / 127
四、“互联网+乡村旅游”面临的问题 / 130
第六节 数字化乡村政务 / 131
一、数字化乡村政务背景 / 131
二、数字化乡村政务功能分类 / 135
三、数字化乡村政务地方案例 / 137

第六章 发展数字农业面临的问题和建议 …………………………… 141

第一节 发展数字农业面临的问题 / 143
一、数字农业的发展缺乏顶层设计 / 143
二、农村物流和网络基础设施建设薄弱 / 144
三、数字农业发展成本较高 / 145
四、数字农业人才不足 / 146
五、农业配套设施建设滞后 / 147
第二节 发展数字农业的政策建议 / 148
一、加强政府部门顶层设计 / 148
二、加快推进农村信息基础设施建设 / 149
三、加强农村物流及配套基础设施建设 / 149
四、加大技术推广应用扶持 / 150
五、加快培育现代化新型职业农民 / 150
第三节 因地制宜发展数字农业 / 151
一、地方层面 / 151
二、企业层面 / 152

参考文献 ………………………………………………………………… 153

附录 数字农业企业 ………………………………………………… 159

第一章

认识数字农业

第一节　数字农业发展背景

一、数字农业发展的历史背景

世界农业发展历经了原始农业阶段、传统农业阶段和石油农业阶段，当前正在向数字农业迈进。自人类进入阶级社会之后，到第一次工业革命以前的漫长历史时期，都属于传统农业阶段，世界各国在这一时期积累了丰富的农业生产经验，创造了丰富灿烂的农耕文明。

传统农业以自产自销、自给自足的小农经济为主体，农业生产主要依赖世世代代累积的经验，劳动方式主要以手工劳动为主，奉行精耕细作。农业形态以种植业为主，同时辅助以畜牧、采集、渔猎等形式。这一时期的农业生产严重依赖自然环境，生产力水平不高，商业化和规模化程度也不高，产量低下，以满足生存所需为其核心目的。因为较少受到化学物质影响，所以长期以来保持了生态友好、可持续发展的优势，总体能够满足这一时期人们衣食方面的基本生活需求。传统的农业生产缺点也显而易见，生产技术落后，受自然条件（如温度、光照、自然灾害）影响非常大，抵御自然风险能力很弱，农业科技进步十分缓慢，长期不能摆脱“靠天吃饭”的局限。中国古代的“虾稻共作”“桑基鱼塘”等可以视为传统农业的代表性生产方式。

工业革命以来，随着生产力水平的提高，人类可用的资源得到极大丰富，农业发展进入石油农业时期。这一时期的农业高度依赖石油、煤和天然气等能源及其衍生物，农业生产力水平大幅提高，农业的生产链条显著延伸，农业生产经营逐步实现机械化和规模化，并且出现了农业各上下游产业的细分以及畜牧、水果、蔬菜、花卉、烟草等专业化生产。与过去相比，农业的科技贡献率有了很大提升，石油农业通常投资和产出较大，农产品的储藏、运输和深加工能力大幅提高。

这一阶段的农业逐步摆脱了满足人类基本生存需求的功能，开始优先追求经济效益，企业化和集中式经营的情况在农业发达地区非常普遍。1990 年美国的大田种植业、荷兰的蔬菜和花卉产业、比利时的畜牧业、挪威的水产养殖业等农业类型都是石油农业的模板。这一时期的农业高产高效，基本缓解了全球人口激增引发的食物短缺局面，解决了人类的生存问题。

然而，石油农业的过度发展导致农药等化学物质的滥用，从而不断诱发生态危机。由于化肥、农药、农用地膜的大量及超量使用，人类赖以生存的土壤、地下水遭到严重污染，甚至面临退化的威胁，农药和农业抗生素的滥用也引发了一系列食品安全问题等。20 世纪 60 年代以来，上述问题日益引起关注，人们尝试对这种农药、化肥、地膜等滥用的现象做出扭转，使粮食和其他农作物变得安全，使环境变得友好和安全，由此生态农业的萌芽开始出现。

近年来，以互联网、物联网等为代表的数字技术席卷各个行业，为各行业的发展带来巨大的变革，农业也在新一代信息技术的改造下，逐步迈向数字农业的新阶段。农业物联网技术、大数据技术、农业云平台这三个方面共同构成数字农业的技术体系，在数字农业阶段，实现了农业生产智能化和精准化、农产品品牌化、农产品流通网络化和可视化，农业的整体信息化水平得以全面提升，生态问题得以显著改善，农业从业者的收入得以大幅提高，农产品的安全性和多样性得到有效保障。通过农业生产、经营、流通和服务等环节的数字化和网络化，实际上把农业从第一产业、第二产业到第三产业串在一起，形成一个完整的全链条的产业结构，数字农业代表了农业发展的新方向。

我国是农业大国，幅员辽阔，农业人口众多，拥有良好的农业发展基础、历史悠久的农业文明、丰富多样的农业发展类型，但是各地经济发展的不同步导致其农业发展水平也参差不齐，主要依靠人力畜力生产的传统农业、依靠机械生产的工业化农业（石油农业）、初步运用现代信息技术的数字农业在我国同时存在。可以说，中国的农业数字化进程，是伴随着农业的工业化和信息化进程同步展开的。

二、农业发展的现实需求

1. 质量安全信任问题

消费者信任危机是我国农产品生产销售面临的突出问题。中国全面小康研究中心联合清华大学媒介调查实验室发布的“中国食品安全信心”调查结果表明，近七成人对中国的食品安全状况“没有安全感”，其中15.6%的人表示“特别没有安全感”。虽然近年来食品质量安全有所提高，但“铬超标大米”“毒水饺”“过期牛奶”等层出不穷的食品安全事件在消费者心中仍然留下了重重阴影，导致消费者对国产农产品的信任难以恢复。可以说重塑信任、打造质量安全的农产品是发展农业的根基。

现代农产品质量问题主要来自如下方面：农产品生长环境中的土壤污染（如重金属超标）、农产品生产环节中的农药和化肥污染、监管体系制度保障不力、农产品质量安全检验检测体系不健全、农产品安全标准体系总体水平较低。与发达国家食品安全监管体系相比较，我国农产品和食品监管体系在立法建设、数字化改造、公众参与机制和溯源性制度等方面仍然有待完善。

运用二维码、大数据、物联网、区块链等现代信息技术手段，可以实现农产品从田间到餐桌的全流程可视化管理，消费者扫描商品二维码即可了解产品从种到收的全部信息，可以有效推进农产品质量追溯体系建设，加速农产品质量追溯的智能化和高效化，保障消费者的消费安全，促进农产品流通的转型升级。

2. 农业综合生产能力问题

当前，我国农业仍然属于弱质产业，农业基础设施建设滞后，农业科技支撑力不强，农产品市场面临较高的市场风险。综合历史和现实因素，我国农业总体生产力水平不高，无法满足快速上升的农产品需求，导致大量农产品需要进口。2019年上半年我国农产品出口额为368.1亿美元，进口额为718.4亿美元，贸易逆差为350.3亿美元，出口产品主要为劳动密集型产品（如蔬菜、水果和水产品），进口产品主要为土地密集型产品（如油料作物、棉花等），其中，棉花、食用植物油、大豆等重要农产品对外依存度较大。

在数字技术支撑下的现代农业，如主要依托农业物联网技术的设施农业，能够在很大程度上摆脱对自然环境的依赖，提高基础设施的自动化水平，从而更好地发挥各项资源的利用价值，提高农业劳动效率和土地产出水平。

3. 农业生产成本问题

我国农业正进入高成本发展阶段，农业成本抬升对农业盈利水平的挤压效应日益显著。整体而言我国的农业产业化不充分、不完整，经过多年发展，依然呈现分散的、小规模的经营格局，在传统的农业生产方式下，土地、资本、劳动力、科技等农业生产要素投入的质量和农业生产要素配置效率都处于较低的水平。当前我国人均耕地面积仅为1.39亩，农业机械生产效益优势不容易发挥，从而无法简单地通过提高机械化程度来达到降低生产成本，最终造福农民的目的。近年来，农机作业成本、农事作业人力成本大幅增加，此外，农药、化肥、种子等农业投入品价格涨幅较大，导致农业生产成本逐年增加。

随着国家近年来对环境保护力度的增大，农业生产所需的环境生态成本逐步显现，间接提高了农业生产成本。农用植保无人机、农业机器人、利用计算机技术育种等数字技术的应用，可以极大地减少对人力的需求，从而降低人工成本。此外，精准施肥、精准施药也可以有效减少农药、化肥等投入品的使用。

■ 案例

有关棉花研究显示，2008 年我国黄河流域棉区、长江流域棉区的每亩收益分别为 378 元、313 元；每亩棉花种植的总成本分别为 677 元、811 元，其中人工费用分别为 283 元、364 元，分别占总成本的 41.8%、44.9%。近几年我国劳动力成本上涨较快，目前已占棉花生产总成本的 60%左右，这造成了种棉收益大幅下降，许多地区每亩棉花生产净利润已不足 200 元。例如，2012 年安徽省安庆地区棉花生产每亩净利润下降至 52.12 元。与中国小农生产不同，美国平均每个农场的棉花种植面积为 1800 亩，由于实行机械化作业，有效地抑制了人工成本的上涨。美国农业部有关报告显示，2011 年美国每亩棉花种植总成本是 773 元，其中人工成本（包括未支付的劳动力机会成本）为 43 元，不足总成本的 6%。在现代农业的基础上，美国政府对棉花生产的支持政策使美国棉花生产发挥出比较优势。

案例来源：傅泽田、张领先、李鑫星等，《互联网+现代农业：迈向智慧农业时代》。

4. 农业生产消费端信息不对称问题

农产品生产和市场对接效率低是长期存在的老问题，有效实现对接产销、破解“菜贵伤民、菜贱伤农”的问题，是我国农业一项长期而艰巨的任务。一方面因为多数生产经营者缺乏直接接触市场的渠道，不了解最新的第一手市场需求信息，容易盲目生产，同时因不具备囤货冷储条件，因此难以承担不稳定性所带来的后果，从而往往出现大量的滞销和浪费情况。另一方面，由于农产品种植呈现出鲜明的地域性特征，从产地到终端环节繁多，大多数农产品流通链条过长，消费者需要负担较高的运输成本和储藏成本。

信息化手段为农业生产者和消费者搭建起便捷、高效的农产品供求信息对接服务平台，供需信息及时发布，生产、储运、采购、消费情况一目了然，减少了中间环节。

5. 环境污染问题

农业环境污染带来的潜在环境成本问题不可忽视，其中包括农药污染、化肥污染、农用地膜污染、禽畜养殖污染等。在农药污染方面，我国每年有 180 万吨的农药用量，但有效利用率不足 30%，多种农药造成了土壤污染，甚至使病虫害的免疫能力增强。我国亩均化肥用量同样严重超标。2017 年我国粮食产量占世界的 16%，化肥用量占 31%，每公顷化肥用量是世界平均用量的 4 倍，大量化肥投入造成土壤营养结构失衡、水污染严重且出现大范围的农业环境污染。

化肥农药的不规范使用及超标施用，带来了严重的农村面源污染现象，加重了土壤板结与污染，导致土壤质量有所退化，我国土壤有机质含量仅为世界平均水平的一半。信息技术支持下的精准农业能够对不同地块提供有针对性的农作解决方案，实现定位、定量、定时地在每一个地块上进行精准的灌溉、施肥、喷药，可以最大限度地达到满足高效利用水肥和农药、减少农业面源污染的目的。

我国农业生产受到农产品价格“天花板”不断下压和生产成本“地板”持续上涨的双重制约，利用信息技术发展数字农业，是破解农业发展难题、推动农业转型升级的关键举措，也是实现乡村振兴的必然要求。

第二节 数字农业的概念

数字农业是数字经济在农业领域的重要实践。学术界与产业界对数字农业没有形成统一定义。常见的说法包括信息农业、精准农业、智慧农业、“互联网+农业”等。本书中的“数字农业”是指通过物联网、大数据、云计算、空间信息和智能装备等新一代信息技术要素与农业资源要素（如土地、水、劳动力、资金、信息等）的重新配置与融合，产生一个更高产、高效、优质、生态、安全的且更具有竞争能力的新业态，在新的业态下生产、经营、管理和服务要打通，实现全链条、全产业、全要素的在线化和数据化。

国家始终高度重视农业，改革开放以来，多年的中央一号文件都聚焦于“三农”问题。随着农业生产力水平的不断提高，加上各级政策的大力推动，我国农业取得了举世瞩目的成就，粮食产量获得极大提高，各类农产品种类和数量不断丰富，不仅实现了中国粮食的基本自给自足，也满足了人们对食物更高品质、更多种类的需求。但农业依旧是我国现代化建设的薄弱环节，农业现代化严重滞后于工业化和信息化水平。因此，农业成为我国数字经济重点推进的领域之一。

数字农业是农业发展的高级形态，是我国《数字乡村发展战略纲要》的战略目标，也是我国由农业大国迈向农业强国的重要方式。在数字农业模式下，以新技术为支撑，依托更为丰富和多样化的商业模式，通过对农业全产业链进行实时化、物联化、自动化、便捷化改造，完成传统农业的生产方式、产业经营模式、服务体系等全方位的创新，符合世界范围内农业信息化、生态化、自动化和精准化的趋势和方向。在此历史进程中，我国也应积极把握农业发展潮流，提升数字化生产力，加快我国农业数字化发展步伐，数字农业将成为我国农业现代化发展的必由之路。

■ 案例

2015年，孟山都旗下气候公司（The Climate Corporation）推出精准农业软件Climate FieldView系统，其具有查看农田卫星照片、农机实时监控、施肥助手等功能。截至2016年已有约6亿亩农田被注册，农户可通过软件挑选并购买数据和服务。Climate FieldView集种植信息、监测、喷洒、收获和土壤状况于一体，农户只需要通过手机、平板电脑或者笔记本电脑就能够了解详细的情况，这使得种植者在管理他的农场时能够实现生产效率和生产率的最大化。孟山都现任执行副总裁兼首席技术官罗伯特·傅瑞磊（Robert Fraley）认为，精准农业在中国也会普及，普通家用汽车上装载的摄像头、传感器和控制系统这些装备也会很快地应用到拖拉机等农机上。

案例来源：国家地球系统科学数据中心。

数字农业和传统农业的关键区别在于，数字农业实现了从“人”到“数据”的关键决策因素的转变。传统农业主要包括种植产业链、养殖产业链，所有的生产环节都以“人”为基础，主要依靠过去积累的经验或手工艺做出判断和决定，从而导致生产效率低下、受自然影响过于严重，以及产品质量无法控制等诸多问题。在数字农业模式下，实现了数字技术与农业各个环节的有效融合，通过监控设备和物联网传感器、无人机、卫星定位导航等数字设备所收集到的实时“数据”成为精确完成生产决策的核心，同时，借助智能物流和多样化的风险管理方法，可以大大提高农业产业链的运行效率，也确保了农产品从源头的安全。

第三节　数字农业的环节

数字农业对农业的改造是全方位、多维度、全链条的，互联网技术正加速实现与农业产前、生产、加工、消费、流通、服务等整个产业链条的全面融合，具体体现在如下几个方面。

一、智能化农业生产

智能化农业生产系统主要由生产信息采集设施、生产作业装备和生产管理平台三大部分组成，利用信息技术，打通农业资源、环境、生产和管理数据，对各类信息进行整合分析，通过持续的数据积累和人工智能的应用，以数据指导生产运营，实现全程的无人化操作和智能化管理。

智能农业生产初步实现“机器代替人工”“电脑代替人脑”“科技代

替经验”，是现代农业的一个重要发展方向。从具体场景看，智能农业生产分为智能农机大田种植、植保无人机大田种植、无人化设施栽培、无人化设施养殖、无人收割等。总体上看，发达国家农业智能化研发起步早，但应用还不够广泛。我国起步较晚，但发展速度快。我国农业植保无人机、无人旋耕机、智能插秧机、智能拖拉机、智能收割机等智能农业装备发展相对成熟，近年来在各地农业生产中得到广泛应用。此外，我国以无土栽培、立体种植、自动化管理为特征的植物工厂研发和产品水平较为先进，已有具备自主知识产权的成套技术设备，并已打入国际市场。[1] 今后，智能节水灌溉系统、基本农田整理、复垦和耕地质量监管保护信息化技术与装备的研发推广有望成为智能化农业领域的重点方向。

智能农业大田种植管理系统是互联网技术应用于农业生产领域的重要案例。

■ 案例

耕智农业云平台

北京耕智农业科技有限公司是北京东昇农业技术开发（集团）有限公司的子公司，成立于2017年1月。为提高农业生产效率，建立农产品质量安全生产机制，实现农产品生产端和销售端的信息化整合，公司从种植者的身份和角度出发，借助信息技术，解决农业种植在植物营养、病虫害防治方面的问题，为农业

[1] 国内外无人化农业发展比较与借鉴，中国农网，http://www.farmer.com.cn/2020/03/29/99850568.html。

经营者提供科学的智能化种植管理解决方案。

耕智农业云平台是北京耕智农业科技有限公司依托母公司东昇集团20多年的农场运营经验，由100多位一线农事专家及经理人历经2年开发设计而成的。该平台通过采集环境信息、投入品、用工、施肥、植保、栽培、产量及品质等信息进行智能统计分析，能够对病虫害、采收时间、产量、品质进行提前预测和管控，可实现农场生产标准化、管理可视化、作业智能化、过程透明化，全程控制和提升产品品质，有效地与市场追溯机制无缝对接，真正意义上提升农场市场效益，保障农产品质量安全。

1. 平台架构

按照物联网数据采集、数据传输、数据管理和数据应用的业务处理流程，耕智云平台系统架构如图1-1所示。

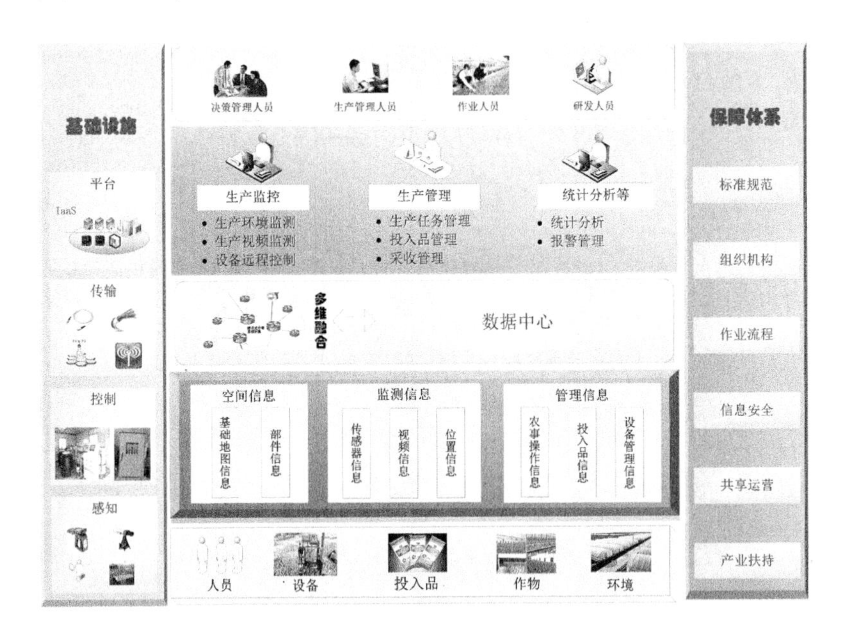

图1-1 耕智云平台系统架构

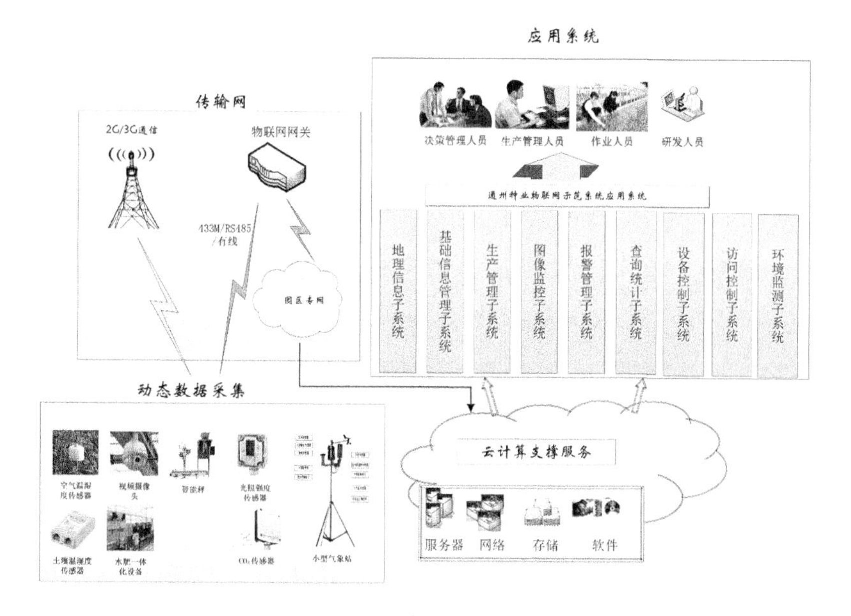

图 1-1　耕智云平台系统架构（续）

2. 性能和优势

（1）性能。

①用户并发访问量不低于100个；②系统存储：可存储1周视频数据，存储5年其他系统数据，视频数据与其他系统数据分开存储，存储空间可扩展；③具备可靠的用户身份认证和数据安全保证能力；④数据中心软件技术架构先进，运行稳定可靠，减少业务应用层与底层云平台的技术耦合度；⑤多源异构数据接入：能够实现来自不同仪器设备、不同应用系统的多源异构数据统一接入；⑥海量数据管理：能够对系统积累的海量数据进行管理；⑦大数据分析：预留二次开发接口，可按需增加算法模块，输出计算分析结果；⑧大数据应用：采用统一的接口封装形式，提供通用服务接口，对不同种类业务场景的用户需求予以满足；

⑨数据备份：建立数据备份，降低云计算平台潜在的线路风险及系统风险。

（2）优势。

平台在生产端提供完整的种植解决方案，包括环境监测、视频及图像监测、生产管理、水肥管理、植保管理、统计分析、质量安全追溯。平台还能够提供种植标准及管理模型，包括种植管理标准、水肥使用标准、植保管理标准，而且这些标准在使用中可不断获得完善和优化，从而进一步提升种植过程的科学性、准确性和农产品质量安全。

（3）应用场景。

平台应用主要是为现代农业发展构建智慧生产体系和管理模型。耕智农业云平台能在以下环节发挥作用。

①农业生产数据采集监测。在环境监测方面，实时监测和历史数据的查询是最基本的功能，耕智农业云平台尤其在生产管理标准的报警上和指导管理标准的报警上做了探索和研究。尤其在植保预警上应用显著，主要是针对一种作物在特定气候、特定时期会产生的相应的病害进行预警。

②水肥一体化管理。水肥一体化是耕智农业云平台的重点和核心，设备的控制和数据的监测是基本功能。平台能够根据产品目标产量和品质，测算出这种作物生长周期内所需要的养分和水分，并制定施肥和灌溉计划，之后具体操作执行。经过长期的应用以后，会产生大量的数据，对这些产品的数据和水肥数据进行分析后，会形成水肥的标准管理模型，并且这些模型精准度会不

断提升。

③植保管理。耕智农业云平台除了物联网数据管理、便捷化生产管理外，还在数据的应用方面做了大量的探索。在植保数据管理方面，该平台可以根据植保病症数据，做到提前预防，帮助技术人员快速诊断，提供完善的病虫害防治方案。

④质量可追溯。在质量追溯管理方面，根据产品二维码可查看产品种植过程中环境及图像信息数据、水肥应用数据、植保过程数据等；耕智农业云平台按照设定原则自动提取产品种植过程数据，形成溯源信息，供消费者查看。

在禽畜和水产养殖领域，利用物联网等技术手段建设远程控制平台，实现动物生长状态在线监测、远程控制，可以减少能耗浪费，降低养殖风险。通过设置在养殖场所的各类传感器，并辅以智能化控制设备，可以对养殖区域的温度、光照、湿度、溶氧度、养殖情况、水质等禽舍养殖环境参数要素以及动物的行为、健康状况，实行24小时实时数据采集、监测分析与全自动智能调控，使禽畜、水产生长环境达到最佳状态，实现科学养殖、减疫增收的目的。

案例来源：来自北京耕智农业科技有限公司（原总经理于志慧）提供的资料。

■ 案例

京东数字科技子品牌“京东农牧”智能养殖解决方案通过整合神农大脑（AI）、神农物联网设备（IoT）和神农系统（SaaS），打通养殖全产业链，实现了农牧产业的智能化、数字化和互联网化，能够帮助大中型养殖企业降低人工成本30%以上，节省饲料8%~10%，缩短出栏时间5~8天。如果全国养殖业应用这一解决方案，每年至少可以降低养殖成本数百亿元。

养猪生产中的生长速率、繁殖性能、猪肉品质等关键环节都与智能化息息相关。中国农业大学与“京东农牧”联手打造的“丰宁智能猪场示范点”，正在利用人工智能、物联网等技术实现猪场精细化管理，以及科学自主智能化决策，有望使农牧业实现万物互联。

“京东农牧”智能养殖解决方案能够在巡检、环控、监控、饲喂四大场景中发挥重要作用。首先，作为核心模块的神农大脑能够实现养殖企业的智能化管理，并向饲养员发布任务。同时，神农大脑还能统一管理环境参数，经过智能分析后，自动调节风机、水帘、暖气等设备，保证养猪场各项指标维持在生猪健康生长的最佳状态。例如，神农大脑通过控制饲喂机器人，以及智能伸缩猪栏等设备，可实现饲喂量的精确控制，保证不同生长阶段、个头不同的猪生长平衡，杜绝了猪群中“称王称霸”、多吃多占等情况。

其次，“京东农牧”还自主研发出适合猪场使用的现代化神农物联网设备，包括农业级摄像头、养殖巡检机器人、饲喂机器人、伸缩式半限位猪栏等，让饲养人员不再从事日常繁重的重复性劳动，进而提高猪场的整体科技性。此外，神农系统还能够连接神农大脑、神农物联网设备与一线饲养人员，用规范、标准的任务流程和指令发布取代人工决策，避免决策失误。

案例来源：中国经济网，《经济日报》2018 年 12 月 13 日版。

除此之外，在线农业专家系统的建设有利于农业线下问题的线上解决。在线农业专家系统可以实时满足用户的网上农事信息查询需求，以农事（农药、二十四节气、农产品认证、农作物品种、种植技能、生产决策）技能和知识为主，实现农事信息服务的便利化、实时化和互动化。

二、网络化农业经营

互联网技术为农资产品、农副产品销售搭建全新的交易平台，用户可以借助多种类型的电商平台进行农产品网上交易，销售范围扩展至全国甚至全球，拉近了交易的时空距离，形成了扁平化交易网络，促成了生产和消费的有效对接，使农产品的市场流通变得高效、便捷。

农业电子商务的建设及完善，带动了支付、物流等配套设施的成熟，增强了农业信息、资金、物流各方面的协同效应，农资、农产品、土地、农业旅游资源等市场要素建立起有机对接，各相关环节实现了实时反馈互动。在农业经营网络化过程中，便捷的物流体系建设和电子化结算的推行是重要的前提和基础工作。

近几年，关于农产品价格波动的新闻屡见不鲜，“姜你军”“豆你玩”“蒜你狠”等农产品价格波动事件每年上演，给大量的农产品种植户带来惨重损失。针对农产品供需端信息不对称带来的价格波动频繁等现象，用户可以借助数字技术完善市场信息采集手段，利用农业大数据技术构建农产品生产、价格、贸易、消费信息数据库和农产品信息权威发布平台及农产品监测预警体系，对供需情况进行及时有效公开，并根据市场反馈有效调节和优化农产品生产，降低盲目生产引发的浪费风险。

三、高效化农业管理

高效的现代农业政务管理系统以大数据技术为依托，其目的在于实现农业管理的高效化、精准化和透明化。完善的农业电子政务服务平台能够有效提升农业主管部门在生产决策、农业生产销售资源配置、农业自然灾害抗灾救灾、重大动植物疫病防控应急指挥等方面的能力和水平。

■ 案例

2016年3月，江苏省泰州市农科院的“泰州智慧农业服务管理平台”上线，该应用平台由泰州市政府的农业部门集中管理，涵盖了农业生产、经营、管理、服务等功能，同时支持电脑端和智能手机端的访问。“泰州智慧农业服务管理平台”上的农业社会化服务，涉及种子、农药、肥料、农机、畜牧兽医、专家、劳动力、金融、保险等，涵盖了产前、产中、产后全过程。每一次服务，都会留下服务记录，由农民评价打分，并接受政府部门的监管。普通农户、农业合作社在生产生活中遇到困难时，可以通过语音、文字、图片、视频等多种形式向平台求助。

该平台的其他功能还包括：在线获取农机、烘干、植保、劳动力等服务；农业新技术在线学习；在线购买多家竞价销售的农业生产资料；在线销售自己的农产品；在线领取各级政府的涉农政策补贴；等等。平台的研发和应用不仅方便农户的生产经营，而且成为农业管理部门进行科学决策管理的重要依据。

案例来源：泰州政府网，http://www.taizhou.gov.cn/art/2016/11/30/art_28664_763995.html。

借助现代信息技术，可以实时汇总农业种植、养殖等场所室内、田间的水表、电表等信息，建立和完善相关物资人员数据库，对各类资源及生产完成情况等内容进行统筹，提升了农业生产过程管理的效率和实时性。

食以安为先，食品安全是关系每个消费者健康权益的大事，数字技术可以帮助人们构建完善的农产品质量追溯体系。农产品质量追溯体系主要利用物联网、“3S”和大数据技术，广泛采集农产品种植环境、生长状态、流通环节、消费环节的各类数据，并实时监控和追踪数据，做到生产数据的完整存储、产品流向数据的有效追踪、仓储物流数据的便捷查询，使农产品的全生命周期变得可控可查，确保了消费者的知情权，让他们可以更安心地购买。

■ **案例**

苏州三港农副产品配送公司开发出蔬果种植与配送农产品全程追溯系统，种植区域全部覆盖视频监控，记录育苗、栽种、施肥、用药、采摘和检测的全过程。同时，公司建立了农产品加工、储藏视频监控系统、全程冷链物流与配送监管系统，客户下载公司App后，可以查看所购产品的加工、分割、储藏和产品装箱的情况，通过扫描送货单上的二维码，可以掌握产品生产单位、采购时间、数量、保质期等所有信息。所有产品通过物联网冷链系统配送。该公司仓储堆放区域占地面积2000平方米，配有6000立方米的冷冻库、冷藏库、恒温库和低温周转车间，拥有19辆装有GPS的冷链车，并指定专人对车辆运行实施全天候不间断实时监控，确保公司在所有产品运输过程中进行实时定位和调度。

该公司将自产农产品从种植到采收管理的生产记录全部数据及检测结果录入数据库，将外购食材的索证索票单据、采购数量、生产商、供货商和检测结果等录入数据库。客户下单后，通过系统生成的二维码可以查询生产基地蔬菜生产记录情况，实现了“源头可溯、质量可控、问题可追、责任可究”的可溯源目标。

案例来源：农业农村部“互联网+”现代农业百佳案例、新农民创业创新百佳成果。

四、便捷化农业服务

便捷化农业服务是指通过实施农业信息化，实现精准、便捷、标准化的目标。它是农业社会化服务体系所从事活动的信息化，是贯通了农业产业链条所有环节的全面综合的信息化服务。

便捷化农业服务的载体包括各类农业门户网站、专业农业技术网站、12316农业信息平台等。网站、微信（群）、App等现代技术手段为农业信息服务和技术指导提供了更加便捷、即时的传播手段和渠道，有利于更好地解决农户在农业种植、加工、经营过程中遇到的各类问题。

集成语音、视频、文字的在线农业专家问诊系统可以使问答双方沟通互动更为有效，问题解决的准确性和及时性都得到极大提升。这类专家系统同时可以有效盘活全国各地的农业专家资源，完成专家系统和农户的充分对接，对缓解农村技术资源短缺的问题发挥了不可替代的作用。

■ 案例

在“数字吉林”支持下，截至2017年11月，吉林省已建成标准村级信息服务站4900多家，占全省行政村总数的52.4%。四类服务全面落地，累计配置了全国436位涉农领域专家，12316热线电话呼入量300万人次，制播广播电视节目2400多期，群发手机短信91亿条次；益农信息社提供语音服务35万人次，发送短信、彩信5万余条次，提供便民服务达到30.4万人次，便民服务金额4600万元；举办培训班158场，培训3.7万人次；建设农村电商网店8900多家，占全省行政村总数的95.3%。益农信息社通过开犁网成交2.6亿元；通过合作平台淘宝吉林馆、京东吉林馆成交吉林农产品20.3亿元；三农平台PC服务端累计用户380万人次，开犁易农宝手机客户端注册用户52万户，70%的省内农户享受到信息化产品和服务带来的便捷与实惠。

案例来源：东源县政府网，http://www.dongliao.gov.cn/wzsy/szfxw/201807/t20180724_321744.html。

第四节　数字农业的价值分析

近年来，各大互联网头部公司加快农村布局，农村电商成为各大电商的新战场，众多涉农领域互联网科技公司迅速崛起，大量互联网带动的农村创新创业活动蓬勃展开，变革了农业生产方式，改进了农村的面貌，深刻影响了农民的生产习惯和生活方式。

一、提高农业生产力

（1）信息化育种设备。可以通过对育种的信息化和数据化的科学分析，提升育种的效率和精准度，从而有利于农业生产力水平的提高。

（2）利用各类传感器采集的数据，完成整个农业生产过程的智能化，进而实现精准化种植、可视化管理，大大提高农业产出率。

（3）农业大数据及人工智能中的数据挖掘技术的综合利用。通过对农作物病虫害的观察分析和数据处理，可以初步判定其发病原因，进行精准诊断、对症下药，做好作物病虫害防治的初期预警，有效降低作物病虫害带来的损失，并可结合数据模型做好来年作物病虫害的预防应对工作。

（4）农业机器人的开发利用，使农业生产加工过程实现自动化、规范化、智能化，提高了农业工作效率，在最大程度上解放了农村劳动力，缓解了劳动力短缺的问题。施肥、除草、收获等传统农业生产环节，都在被农业机器人改变。近年来我国面临农业从业人口日趋减少的局面，因此发展农用机器人有特殊重要的意义。

（5）互联网和农业的深度融合，帮助实现农业土地、劳动、资本等农业要素和资源的有效重组和配置，激发上述农业要素的流动性，促进其价值得到更好的发挥。

二、推动农业供给侧改革

通过农业的数据化升级可以达到供需双方更精准的匹配。数字农业对于农业供给侧改革方面的意义主要体现在以下方面。

1. 完善农产品产销对接路径

我国传统的农产品产销对接模式主要分为农批对接（农产品批发市场集散）、农超对接（超市直采）、农工对接（农产品加工企业链接）、展示展销中心、合作经济联合组织等，这些对接模式虽然行之有效，但由于信息化和组织化程度不高以及农产品物流配送体系不健全，所以供需双方信息不匹配、不对等的情况仍然十分严重，严重打击了农户的种植积极性，造成了大量的资源浪费。互联网依靠信息传播的灵活性，可以帮助解决高度分散的农产品供应如何对接大市场的问题。

在充分发挥农业大数据作用的基础上，农产品产销模式得以升级，变得更加高效、便利。具体功能如下。

（1）大力发展“农产品基地+直销”模式，如建立农产品“生产基地+社区直配”示范点，一方面可以保障农产品的有效供给和价格稳定，另一方面能通过发展订单农业，种植特色农产品，带动贫困地区农户脱贫致富。

（2）运用大数据分析农产品销售情况，以此优化生产结构与生产布局，使农产品价格与大数据相结合，破解因农业生产经营者无法根据消费者信息及时安排生产与合理布局而引发的“过剩”或“不足”等结构失衡难题。

（3）帮助农产品打开销路，解决农产品难卖的问题。生鲜电商平台、网络媒体平台、微信公众号、微博、朋友圈转发的农产品难卖信息，丰富了农产品销售渠道，成为推销特色优势农产品的有效方式，使农产品价格信息变得更加透明。

2. 数字化有助于提升农产品的品质，打造农产品品牌

借助物联网、无人机、现代种植监测等技术，使农药的使用量大幅缩减，从源头上减少了农产品农药残留和环境污染；冷链技术在生鲜农产品中的应用逐步提升，确保了农产品在运输过程中的新鲜和安全；采用现代信息技术建立的食品安全溯源系统，在技术上提供了农产品质量追溯方案；在精准农业发展趋势下，我国农业绿色化水平不断提升，农业的生产环境和农村的生态环境得到显著改善。

互联网平台高透明度、高匹配效率的交易环境有助于农产品品质的提升和品牌的建立。在互联网技术支持下，土壤等农产品基础信息、种子等生产信息、检验检测等产品信息及流通信息、市场信息得以完整和透明地呈现，农产品的品牌也因为高品质和安全性得以塑造。

从消费者角度来看，品牌化农产品代表着安全性和高品质；从农产品生产者角度来看，品牌化意味着高溢价。现阶段，受制于多方面的原因，我国农产品品牌化意识匮乏，电商巨头平台借助互联网庞大的流量优势布局农产品零售，有助于农产品品牌的培育和推广；如雨后春笋般快速崛起

的微博、微信公众号、网络直播等新形式，开辟了农产品品牌塑造的新空间。网络新媒体具有共享性、互动性、传播高效等特点，成为农产品品牌推广的热点推力。农户利用新兴媒体发布全面而生动的产品信息，塑造品牌形象，同时根据消费者的反馈及时改进营销策略。网红经济的出现，在引发消费互动和开展内容营销方面成为亮点，通过实时互动方式，可以直接把农村特色的商品通过现场场景传递给消费者，引发消费者的关注和购买。

■ 案例

2016年，广东清远农产品品牌“清远鸡”建成养殖现场直播平台并投入使用，平台与京东、天猫等互联网电商巨头平台完成对接。消费者点击进入“清远鸡”电商平台官方旗舰店，就可身临其境，体验远程“抓鸡”的场景。2016年，“清远鸡”的网络销售额达到1200万元，同比增长350%。

清远市清城区清远鸡现代农业产业园建有以“清远鸡”为核心的地方优质农产品经营销售平台，在生鲜电商、新零售渠道方面取得巨大突破，在本来生活、易果生鲜、每日优鲜、盒马鲜生及京东生鲜国内前五大生鲜平台上禽肉销量居领先地位，极大地推动了“清远鸡”在全国的品牌知名度。

案例来源：广东省农业农村厅，http://dara.gd.gov.cn/mt-bd5789/content/post_2581777.html。

在数字农业带动下，各类依托互联网的农业新业态不断崛起。各地互联网特色小镇建设风生水起，家庭农场、休闲观光农业、民宿电子商务等新兴业态遍地开花，各类集保护生态、发展生产、促进就业于一体的农业生产模式逐步成型，有效解决了农业可持续发展的痛点问题，实现了互联网对整个农业产业链的再造和增值。

三、促进农村经济发展和农民增收

数字技术为确保农民增收、突破资源环境瓶颈的农业科技发展创造了条件，基于现代信息技术的设施农业、农业电商、订单农业、“互联网+休闲农业”、创意农业等业态和模式的兴起和发展为农民增收开辟了新的路径。互联网解决了农产品“买难，卖难”的难题，为更多有特色、品质好的农产品扩大了销路，打造了完整、可追溯的“从农田到餐桌”的农产品供给链，带动观光农业、乡村旅游、农业小镇等关联业态的兴起，有效促进了农民就业增收。

■ 案例

河南省安阳全丰航空植保科技股份有限公司与中国农业大学等高校和科研机构合作，积极完善不同作物不同时期的航空植保精准作业方案，大大节约了植保成本，减少了农药化肥使用量，绿色生态效应凸显。经专家跟踪调查，航空植保年均减少化学农药使用量达 30%，减少用水量 95% 以上，防治效果提高 22%。2018 年，仅飞防作业就可节水 24 万多吨，节省农药成本 6000 余万元，通过解放农村劳动力间接增加农民收入 4800 多万元。

案例来源：农业农村部。

四、方便信息快捷传输

数字农业使信息和数据资源传输突破了时空限制，有效降低了农业生产、经营、流通成本，加速了信息的有效传输，改进了信息流通方式。

互联网具有信息和资讯海量汇集并且免费共享的特点，通过对网上丰富的农业生产、经营、销售等相关领域的基础数据、专业研究、分析进行收集并加工利用，农户可以更好地优化生产经营，有助于进行科学的农业生产经营决策。我国现有的农业类网站覆盖面较广，满足了综合门户、研究分析、产销对接、种植技术等多种不同的功能定位和服务人群，并呈现进一步垂直化的趋势，为农业经营者和研究人员更好地开展工作提供了便利。特别是近几年，以微信公众号、App 等为代表的农业新媒体逐渐发力，我国的农业信息化水平不断提高。

第二章

中国数字农业发展现状

第一节　中国数字农业发展成就

近年来，我国数字农业快速发展，突破了一批数字农业关键技术，开发了一批实用的数字农业技术产品，建立了网络化数字农业技术平台。

在农业数字信息标准体系、农业信息采集技术、大比例尺的农业空间信息资源数据库、农作物生长模型、动植物数字化虚拟设计技术、农业问题远程诊断、农业专家系统与决策支持系统、农业远程教育多媒体信息系统、嵌入式手持农业信息技术产品、温室环境智能控制系统、数字化农业宏观监测系统、农业生物信息学方面的研究应用上，中国企业都取得了重要的阶段性成果，通过不同类型地区的应用示范，初步形成了我国数字农业技术框架及数字农业技术体系、应用体系和运行管理体系，促进了我国农业信息化和农业现代化进程。

然而，数字农业在我国仍然处于初级阶段。2019 年 4 月 20 日发布的《2019 全国县域数字农业农村发展水平评价报告》显示，2018 年全国县域数字农业农村发展总体水平达到 33%，其中，农业生产数字化水平达到

18.6%。中国农业生产数字化建设虽然快速起步，但和发达国家相比，还有很长一段路要走。与工业和服务业相比，农业不仅数字化水平相对较低，数字化速度也相对较慢。2018年，工业、服务业、农业的数字经济占行业增加值比重分别为18.3%、35.9%和7.3%。数字经济占比程度从高到低依次为林产品、渔产品、农产品、畜牧产品，均低于大多数服务业和工业，可见我国农业存在较大的数字化提升空间。

《2019全国县域数字农业农村发展水平评价报告》还显示，中国农作物种植数字化水平为16.2%，设施栽培信息化水平为27.2%，畜禽养殖信息化水平为19.3%，水产养殖信息化水平为15.3%。这些数字技术包括生产环境监测、体征监测、农作物病虫害和动物疫情精准诊断及防控等，被率先应用在经济效益较高的行业。

一、技术储备不断增强

经过多年发展，我国在农业物联网、人工智能、农业大数据、“3S”技术、农用植保无人机以及设施农业等方面的技术取得了长足进步，积累了较为丰富的技术储备。数字农业领域国家工程技术研究中心、农业信息技术和农业遥感学科群、国家智慧农业创新联盟相继建成，智慧农业实验室、数字农业创新中心正加快建设。

二、物联网应用成效显著

在各级政府部门的大力推动下，加上农业科研机构的辅助和支持，我国部分省市在“物联网+农业”方面展开了应用，并取得部分成果。在全国多地开展的农业物联网试验示范基地建设已经具备了一定的规模。

自2011年以来，农业农村部（2018年机构改革之前为农业部）成立了国家农业物联网行业应用标准工作组和农业应用研究项目组，进一步推进物联网标准体系建设工作，做好物联网产业标准化工作的顶层设计和统筹规划。近几年，农业农村部结合国家物联网示范工程，组织北京、黑龙江、江苏、上海、天津等9个省市，展开了农业物联网区域试验示范建设，截至2018年7月，共发布了426项节本增效农业物联网产品技术和应用模式，示范建设在几个省市内取得了积极成效。

三、农产品销售模式加速转变

农产品电子商务为公众所熟知的数字农业形态，也是我国数字农业发展最为成功和成熟的领域。伴随着农村信息化建设提速，农村基础设施的改善和国人消费升级的大趋势，打破传统的农产品销售渠道、加速电商化转型成为农产品流通消费领域一大特点。全国已建立起种类繁多、形式多样的综合型和垂直型农村电子商务平台。随着农产品电子商务的快速崛起，与之关联的各类新业态也随之蓬勃开展，如电商扶贫等。

■ 案例

大理常杏农业发展有限公司旗下的大理州数字媒体农产品运营中心，以扶贫产品展示与销售、短视频直播、农业大数据可视化等为主要业务。其设立在大理市的线下运营中心，除设有云南特色产品展示区域外，还设有直播专区与农业大数据展示专区。

该中心通过线上直播销售的方式，开展电商助农新模式。

借助线上流量辐射的优势，大理州数字媒体农产品运营中心结合地方领导、明星或网红与网友互动的方式，让网友更加直观地了解大理州的发展与特色商品情况。带动当地产品销售及旅游经济的同时，让广大网友也了解了大理各市县的农业特色产品，打响了云南大理高原农产品的品牌。

案例来源：来自云南常杏科技有限公司（董事长李爱明）向本书作者提供的资料。

四、人才支撑日益加强

人才是任何行业兴旺发达的基础，农业也不例外。当前，国家对于“三农”政策的加码及农村各项事业的蓬勃发展，吸引了大批社会资本投入到“三农”领域，分别在电商、物流、物联网、大数据、农村金融等领域展开布局。农业的利好政策催生了志在投身现代农业、建设新农村的新时代农民，这些新农人多数都接受过高等教育，有一定的知识和技能，他们的出现为数字农业的开展注入了新的理念和力量，同时也是知识反哺农村的典型事例。新农人的构成多样，其中既有投资者、返乡农民工，还包括选择在农村创业的大学毕业生、大学生村干部等。

五、“三农”信息服务水平不断提升

我国“三农”信息资源共享开放不断深化，利用农业大数据进行信息服务的工作正在逐步展开。各级各类机构部署的支农益农信息服务进展良好，如覆盖全国的12316信息平台。接下来，农业农村部将加强益农信息社建设力度，至2020年，确保全国80%以上的行政村可以被覆盖。

■ 案例

信息进村入户自2017年起转入全面实施阶段，并在辽宁等10个省份开展整省推进示范。目前全国已建成运营益农信息社16.9万个，累计培训村级信息员53.6万人次，提供公益服务7960万人次，开展便民服务2.33亿人次，实现电子商务交易额167亿元。信息进村入户统筹推进公益服务、便民服务、电子商务和培训体验服务，依托益农信息服务平台，线上线下服务相结合，实现四类服务“一社综合、一站解决”，以市场化运营方式，推进形成“政府得民心、企业有钱赚、农民享实惠”的多赢局面。

案例来源：农业农村部。

第二节　中国数字农业支撑体系

一、国家政策支撑

近年来，国家各个层面积极推进举措，数字农业发展的政策驱动不断出台，有关数字农业方面的顶层设计逐步展开，对数字农业的发展起到巨大的推动作用。《促进大数据发展行动纲要》《数字乡村发展战略纲要》等接连出台，农业农村部也相继印发《“互联网+”现代农业三年行动实施方案》《关于推进农业农村大数据发展的实施意见》《“十三五”全国农业农村信息化发展规划》等，推动数字农业发展落地见效。大力发展数字农业，已经成为我国推动乡村振兴、建设数字中国的重要组成部分。

（1）国务院出台《关于积极推进“互联网+”行动的指导意见》。

2015年，国务院出台《关于积极推进“互联网+”行动的指导意见》，其中提出了关于创业创新和现代农业等在内的11项重点行动。该意见提出：推进“互联网+”电子商务，开展电子商务进农村综合示范，支持新型农业经营主体和农产品、农资批发市场对接电商平台，积极发展以销定产模式；完善农村电子商务配送及综合服务网络，着力解决农副产品标准化、物流标准化、冷链仓储建设等关键问题，发展农产品个性化定制服务；开展生鲜农产品和农业生产资料电子商务试点，促进农业大宗商品电子商务发展。

（2）国务院办公厅发布《关于促进农村电子商务加快发展的指导意见》。

2015 年，国务院办公厅发布《关于促进农村电子商务加快发展的指导意见》，提出到 2020 年，初步建成统一开放、竞争有序、诚信守法、安全可靠、绿色环保的农村电子商务市场体系，农村电子商务与农村一、二、三产业深度融合，在推动农民创业就业、开拓农村消费市场、带动农村扶贫开发等方面取得明显成效。该意见提出三大重点任务，包括：①积极培育农村电子商务市场主体；②扩大电子商务在农业农村的应用；③改善农村电子商务发展环境。同时，在政策措施方面，该意见还提出加强政策扶持，深入开展电子商务进农村综合示范。

（3）农业农村部等 8 部门联合印发《“互联网+”现代农业三年行动实施方案》。

2016 年，农业农村部、发展改革委、科技部等 8 部门联合印发了《“互联网+”现代农业三年行动实施方案》，该方案提出在经营方面，重点推进农业电子商务；在管理方面，重点推进以大数据为核心的数据资源共享开放、支撑决策，着力点在互联网技术运用，全面提升政务信息能力和水平；在服务方面，重点强调以互联网运用推进涉农信息综合服务，加快推进信息进村入户；在农业农村方面，加强新型职业农民培育、新农村建设，大力推动网络、物流等基础设施建设。

（4）国务院办公厅印发《关于进一步促进农产品加工业发展的意见》。

2016 年，国务院办公厅印发《关于进一步促进农产品加工业发展的意见》，对今后一个时期我国农产品加工业发展做出全面部署。该意见支持农民合作社、种养大户、家庭农场发展加工流通；鼓励企业打造全产业链，让农民分享加工流通增值收益；创新模式和业态，利用信息技术培育现代加工新模式。

（5）国务院办公厅印发《关于推进农村一二三产业融合发展的指导意见》。

2016年，国务院办公厅印发了《关于推进农村一二三产业融合发展的指导意见》，该意见指出，从三个方面重点发展农业新型业态：①“互联网+现代农业”。推进现代信息技术应用于农业生产、经营、管理和服务，鼓励对大田种植、畜禽养殖、渔业生产等进行物联网改造。②大数据、电商。国家要采用大数据、云计算等技术，改进监测统计、分析预警、信息发布等手段，健全农业信息监测预警体系。③创意农业。发展农田艺术景观和阳台农艺。

（6）农业农村部印发《农业农村大数据试点方案》。

2016年，农业农村部印发《农业农村大数据试点方案》，决定自2016年起在北京等21个省（区、市）开展农业农村大数据试点，建设生猪、柑橘等8类农产品单品种大数据。鼓励基础较好的地方结合自身实际，积极探索发展农业农村大数据的机制和模式，带动不同地区、不同领域大数据发展和应用。

（7）中共中央办公厅、国务院印发《数字乡村发展战略纲要》。

2019年5月，中共中央办公厅、国务院印发《数字乡村发展战略纲要》，要求将数字乡村作为数字中国建设的重要方面，加快信息化发展，整体带动和提升农业农村现代化发展，助力乡村全面振兴。《数字乡村发展战略纲要》还明确了加快乡村基础设施建设、发展农村数字经济、建设智慧绿色乡村、繁荣发展乡村网络文化、推动网络扶贫、统筹城乡信息化融合发展等十项重点任务。

（8）农业农村部、中央网络安全和信息化委员会办公室印发《数字农业农村发展规划（2019—2025年）》。

2020年1月，农业农村部、中央网络安全和信息化委员会办公室印发《数字农业农村发展规划（2019—2025年）》，明确了数字乡村建设具体目标。为实现这些目标，该规划围绕推进数字产业化、产业数字化的主线，提出了构建基础数据资源体系、加快生产经营数字化改造、推进管理服务数字化转型、强化关键技术装备创新四方面任务。

二、科技支撑

我国十分重视农业科技的发展，农业科研院所和涉农企业是我国农业科技发展创新的主力军。近年来，我国高新技术在农业领域的加速应用，带动了农村新产业和新业态蓬勃兴起，为确保国家粮食与食品安全、促进农民增收和农业可持续发展起到了重要作用。资本和技术正从供给端和需求端共同推动农业科技快速发展与应用。

据统计，中国农业领域的科技含量和全球的平均水平大体相同。同时，参考中国农业GDP占全球农业GDP的比重（2017年为33.95%），并综合考量各细分领域发展水平的不同，估算中国的智能农机与机器人、无人机植保服务、农业物联网、植物工厂和农业大数据等板块占全球农业科技市场比例分别为34%、45%、34%、30%和30%，市场规模分别为581亿元、556亿元、227亿元、134亿元、62亿元。将以上市场规模加总，预计2023年国内农业科技市场规模可达到1560亿元。

在新一代信息科技的推动下，中国的农业生产方式正在发生如下变化：对于农业科技领域的投资布局，中国的科技互联网领军企业在这一方面有所动作。近年来，阿里巴巴、京东、苏宁、联想等中国科技巨头不断加大在农业科技领域的投资布局，物联网、遥感、区块链等先进技术应用于农业领域的案例在全国范围内不断涌现，农业的生产、流通、消费、服务各个环节都能看到科技的作用力，科技对农业的支撑作用不断提升。

■ 案例

2019年1月，针对供应链管理上的信任问题，中农网以茧丝行业为起点，提出了“区块链+物联网”的解决方案，发布了我国的第一个茧丝区块链项目“Z-BaaS”，将区块链应用到了农产品的生产、加工、仓储、物流等环节。

中农网在“Z-BaaS”平台上，通过引入“区块链+物联网”的方式来解决信息的获取和流动问题，利用区块链不可篡改的特性，对信息进行存证，从而顺藤摸瓜实现溯源。缫丝厂采购蚕茧，通过区块链，确保蚕茧采购数据真实，生丝可溯源至庄口（蚕茧产地），乃至茧农，缫丝厂即可根据相关信息追溯，再次选购到同类蚕茧。在食糖的溯源体系中，中农网旗下品牌“派得科技”将区块链应用到了食糖可溯源新包装自动化包装生产线，由机器即时采集包装袋上的二维码信息并上传系统，由此可精准定位每一袋糖的批次信息和位置信息。

案例来源：36氪。

三、基础设施建设支撑

农村网络基础设施建设是开展农村信息化建设的前提和基础，是推进数字农业发展的物质保障。截至 2019 年年底，行政村通光纤、通 4G 的比例双双超过 98%，城乡数字鸿沟不断缩小。经过连续数年的农民手机应用技能培训，智能手机已经变成农民必不可少的“新农具”。为了更好地支撑农村电商的发展，全国已有约 1/4 的村庄设立了电子商务配送站点。农村信息基础设施的完善，缩小了城乡信息化鸿沟，提升了农村互联网服务水平，让广大农民也可以共享国家信息化发展的成果。

四、人才支撑

我国土地流转采取转包、出租、互换、入股等多种形式，逐步形成了专业大户、家庭农场、农机合作社、农民专业合作社、农企合作、场县共建、农民联合体、场村共建 8 种规模经营模式。新型农业经营主体为数字农业发展提供了宝贵的人力资源。国家一直重视培育新兴农业经营主体，将新型农业经营主体建设作为建设新农村、发展现代农业的重要力量。我国的农业社会化服务组织超过 115 万个，在推进农业供给侧结构性改革、促进现代农业建设、带动小农户发展等方面，日益发挥着突出的引领作用。

第三章

数字农业关键技术

数字农业的技术体系主要由三个部分构成：数字农业的技术基础、数字农业的核心技术，以及数字农业的平台技术。数字农业的技术基础包括数字农业空间信息管理标准和数字农业平台建设的标准、政策和法规等。实施数字农业必须基于物联网等关键技术，包括“3S”技术、物联网技术、大数据技术、计算机网络技术、人工智能技术、虚拟现实技术、快速自动分析检测技术、全自动化农业机械电子监控技术、作物生产管理专家决策系统、农情监测及信息采集处理技术、智能化农业机械装备技术等。此外，数字农业技术体系还包括网络平台、数据共享平台、技术集成平台等平台技术。本章主要介绍其中的物联网技术、大数据技术、人工智能技术和“3S”技术。

第一节　农业物联网技术

一、农业物联网发展概况

物联网在交通、物流方面的应用已经十分普遍，当前在农业领域有十分广阔的应用空间。物联网技术在现代农业领域的应用呈现高度集成的状态，农业对物联网技术的需求量大、技术难度大、设备要求高。通过对农作物生长环境和生长状况等各项要素的全面感知，农业物联网可以进行精准远程操控，完成降本增效、增产增收、环境友好的农业生产。

早先的物联网技术存在应用碎片化状态，现在已经发展到各项技术集成创新和规模化发展的时期，与农业现代化建设深度交汇，因其高效、便捷、智能等特点受到了农业生产者的欢迎。农业物联网技术主要用于农业生产领域的环境监测、长势监测、精细化管理和流通领域的农产品安全追溯管理等。

《“十三五”全国农业农村信息化发展规划》对我国的农业物联网发展做出明确的指示，要求我国农业生产大幅提升生产智能化水平，农业物联网等新一代信息技术达到17%的应用比例。

二、农业物联网的技术架构

农业物联网通过感知层、传输层和处理层三层架构来实现，对于完整的农业物联网系统来说，这三大环节必不可少。感知层的传感器将采集的数据信息通过传输层的有线、无线传感器网络传输到处理层，对农业生产全过程进行预测、诊断、控制、决策以及预警。

感知层是决定农业物联网的基础和关键，感知层传感系统的完善与否直接影响整个农业物联网技术的运行。感知层主要由温湿度传感器、射频识别（FRID）设备、视频监控设备、GPS等组成，采集的数据包括光照、温湿度、土壤含水量、土壤肥力、禽畜及水产健康状况等，通过对动植物生长环境及生长状态等方面的数据收集来获取关键信息参数。

我国当前传感器领域研究和应用比较成熟的是光、温、水、热等环境传感器，而新型低功耗动植物生命传感器以及土壤养分信息传感器是农业物联网领域的研究热点和难点。

传输层是物联网信息传输的桥梁，信息的广泛传输和互联主要借助传输层来完成。无线通信技术具有无须布线、组网简单的优势，适应性强、部署便捷，因而成为当前农业物联网中传输层的主要实现方式。

云计算、云服务和模块决策这三个部分的技术共同构成农业物联网处理层，处理层在对感知层收集的数据信息完成智能化处理后，利用控制模型和策略对农业设施进行智能控制，如浇水、施肥等步骤。

农业物联网技术应用在世界范围内总体上还处于初级阶段。受制于技术发展较弱、部署成本压力较大、农业用户技术掌握程度较低等现实情况，农业物联网技术在我国的应用还处在起步期。

三、农业物联网的主要应用领域

农业物联网的应用领域主要可以分为农业生产领域、农产品加工领域、农产品流通领域、农产品消费领域。

1. 农业生产领域的应用

（1）动植物生长环境监测。

主要指利用多种类型的传感器技术获取农业生产环境各类数据，具体包括设施农业中的光照、通风等参数，畜禽养殖业中的氨气、二氧化硫、粉尘等有害物质浓度等参数，完成对资源和环境的实时监测、精确把握和科学调配，节约成本，提高农产品品质。

（2）生长状态监测。

农业物联网系统中安装有高清监控摄像头，可以通过视频监控实时获取动植物生长发育信息、健康及疫病信息和行为状况等信息。如物联网技术支撑下的畜禽水产健康养殖，采用GPS、视频监控系统、移动互联网技术，对养殖场地、处所可以实施监控，完成饲料投喂、通风遮光、增温灭菌和圈舍管理的全程自动化，使养殖户摆脱了繁重的体力劳动，确保了养殖动物的安全性和健康水平。

2. 农产品加工领域的应用

借助物联网技术，我国农产品的深加工不断向自动化和智能化转变。新技术被广泛应用于农产品的品质自动识别和分级领域，如对水果、茶叶等农产品存在的表面缺陷和损伤进行检测。

对加工所需原材料进行电子标记编码，通过电子标签，可以全程监控全部食品加工过程，将温湿度等数据全部录入数据库，一方面满足了消费者对食品加工过程透明阳光的需求，另一方面也便于确认食品安全事故的责任归属。同时，农产品加工控制系统可通过对农产品清洗、保鲜、干燥等生产技术的自动控制，规范加工技术和过程，减少人工操作，避免不必要的人为污染。

3. 农产品流通领域的应用

首先，借助物联网系统、GPS和视频系统，可以完成对整个农产品运输过程进行可视化管理，确保精确定位和及时调度农产品运输车辆，实施监控农产品的在途状况，掌握农产品所在冷库内温湿度情况，有利于做出科学的运输决策，从而从根本上保证运输路线的科学性和高效性。

4. 农产品消费领域的应用

物联网在农产品质量安全与追溯领域发挥着不可替代的重要作用，农产品仓储及农产品物流配送环节是物联网最重要的应用场景。主要的溯源环节包括对物品的自动识别、产品仓储车间的监控、产品物流配送车辆的追踪定位，通过溯源可以实现对农产品从产地到流通目的地的全程追踪。

农业物联网农产品溯源系统可广泛地应用于粮食、蔬菜、水果、茶叶、畜牧产品、水产品以及加工食品等诸多农副产品。农业物联网溯源系统包含电子标签、传感器网络、卫星定位系统、移动通信网络和计算机网络等。所有农产品都达到“一物一码”的标准，二维码详细记录了农产品从种植、生产、加工、产品认证、物流、仓储、销售等全程的所有信息，消费者的知情权和健康权得到可靠保障。从产品营销的角度讲，物联网农产品溯源体系倒逼农产品品质的提升、物流管理的科学性，对于打造农产品品牌具有积极作用。

■ 案例

2013 年，锡林郭勒盟开展羊肉全产业链追溯体系建设，由肉类协会牵头，开发建设锡林郭勒羊肉全产业链追溯平台，实现肉羊出生、养殖、屠宰、加工、物流、销售直到终端消费者全过程无缝监管，做到来源可追溯、去向可查证、责任可追究。

由正航软件打造的羊肉全产业链追溯系统，结合物联网、云计算、大数据和 LBS 地理信息等技术，通过感知、网络和应用平台，利用 RFID、视频监控、条形码等硬件设备，为锡林郭勒盟羊肉产业提供全方位、立体化的全产业链追溯解决方案，应用于畜牧养殖、屠宰加工、物流运输和终端销售等肉羊生命周期各个环节，打通消费者、企业和政府之间的信息壁垒，实现羊肉全产业链的信息采集、记录和交换。

追溯系统能让消费者通过手机查询，知道餐桌上每一块肉的原产地，能对羊的饲养、屠宰及产品加工、储藏、销售等环节进行实时监督和管理，让老百姓吃上“放心肉”，保护老百姓“舌尖上的安全”，使得市场更加规范、健康，真正达到追溯的目的。

案例来源：锡林郭勒牛羊肉全产业链追溯平台，https://www.sohu.com/a/126206853_615957。

四、农业物联网存在的问题

首先，核心技术尚待突破，高端传感器严重匮乏。我国物联网普遍存在的问题是，传输层发展相对成熟，感知层和处理层发展较弱，农业物联网同样如此。与国外产品相比，国产农用传感器标准不统一，稳定性差，导致监测所得数据准确性不足，并且物联网设备往往使用寿命不长。农用传感器的使用环境比较恶劣，因此，提升国产传感器鲁棒性的核心材料、工艺等都有待突破。

此外，高端农业传感器（如对动植物生命体征的监测）严重依赖进口。国内农用传感器生产厂家绝大多数都是中小企业，研发水平落后，适用于丘陵地带等复杂自然环境下的物联网设备有待进一步研发。传感器种类十分匮乏。

其次，推广普及农业物联网所需资金不足。物联网技术属于高新技术，无论是前期的铺设，还是后续的设备更新维护都耗资不菲。一套完整的农业物联网设备需要花费一万元到数十万元，我国农产品单价较低，整体效益不强，个体农户受制于设备成本和经营规模，很少采用这项新技术，因为成本高、风险大、效益不明显。我国目前许多农业物联网项目都是政府示范工程，靠的是政府推动和相关项目资金的支持。

最后，农业物联网应用标准规范缺失。农业物联网是一个综合信息系统，场景复杂性、种类的丰富性是其有别于其他行业物联网的独特之处。我国农业物联网涉及多种类型的数据监测，但是完备的农业物联网标准体系尚未建立，在产品设计、系统集成时没有统一的标准可循，限制了行业发展的整体速度。

第二节　农业大数据技术

农业大数据已经成为现代农业发展的关键性基础资源，农业发展各环节内部的信息流也因为大数据技术的应用而更为丰富，农业价值得以充分体现。

一、我国农业大数据发展概述

经过多年的发展积累，覆盖多个层面和领域的农业信息化系统已经在我国初步构建，各级各类农业信息资源已经较为丰富。农业主管部门和机构设立的农业大数据研究及应用机构开始不断涌现；全国首家农业大数据研究中心在山东农业大学成立。布瑞克、奥科美、佳格天地等专注于农业大数据研究应用的企业，充分发挥自身优势，结合大数据和物联网等技术，更好地服务于现代农业发展。

政府主管机构始终重视大数据技术在农业领域的应用，并在政策层面开展规划布局。农业农村部在陕西省试点的“国家级苹果产业大数据中心”、托普云农为浙江省政府搭建的智慧农业云平台都是优秀的数字农业大数据应用案例。

二、农业大数据的类型

农业活动的各个环节都有大数据产生，因此农业大数据跨越不同的行业和业务部门，对农业产业链条的生产、流通、消费、服务等所有环节产生的大量复杂数据进行分析及深度挖掘。按照农业的产业链条和数据产生来源，农业大数据可以分为农业生产大数据、农业生态环境大数据、农产品流通及消费大数据等。

1. 农业生产大数据

农业生产大数据主要分为种植业和养殖业数据两类。其中，前者包括作物种植大数据、化肥农药等农资大数据、农机大数据、育种大数据、播种和灌溉大数据、农情大数据等；后者主要包括禽畜育种数据、个体系谱数据、个体生长及行为数据、动物疫情数据等。

针对农业生产端的大数据服务主要包括农业项目规划、农机调度、作物长势评估、禽畜及水产健康状况评估、生产决策优化、气象预报、病虫害防治等。

与传统农业相比，当前的农业生产大数据具有以下新特点：原本适用于小农经营的耕种经验已经不适合农业商业化经营，在此背景下，从物联网、AI、数据分析等角度切入，原先指导生产的主要是传统的种植经验，现在已经逐步被大数据取代；农业科技创新极大改变了农业科研方式，大数据在信息育种、种质资源基因测序等方面扮演的角色日益重要；大数据技术可以优化生产决策，帮助农户实现大面积种植、养殖基地的精细化管理。

2. 农业生态环境大数据

农业生态环境大数据主要包括土地资源（如土地位置、地块面积、海拔）数据、水资源数据、空间地理信息数据、气象资源数据、生物资源数据和灾害数据。

3. 农业流通及消费大数据

农业流通及消费大数据主要包括农资和农产品的市场供求信息、价格信息等。

三、农业大数据的功能分析

1. 大数据有助于实现精细种植

首先，大数据可以实现精细化生产。农业经营者利用现代信息技术手段实时收集种质信息、生长环境信息、作物品种信息、施肥施药信息、农事信息等，通过对上述海量数据的计算和分析，帮助农户进行优化生产决策和资源投入。例如，应用大数据技术研发的农田扫描定位，可以对每个田块进行数据分析，依据田块的定位编号、现有的营养结构，自动给出相应的施肥建议。

通过对长期大量气候条件、土壤自然灾害、病害等环境因素信息的收集，科学匹配农作物品种和土地类型；对造成地块产量差异的因素进行分析，因地制宜，针对不同地块采用不同的耕作方式，从而更有针对性地指导灌溉、施肥、灭虫，农业生产力和土地利用率得到极大提高。

其次，大数据技术有助于农业生态环境的改善。大数据技术的应用，可以实现按需给药、按需施肥、按需增温，一方面因为减少了农药化肥等化学物质的滥用，实现了农产品的安全性，另一方面也有助于减少对自然环境带来的损害，实现农业生态安全。

■ 案例

贵州“农业云”，实现了农业数据资源、农业生产管理的统一集成、管理、共享和服务。“农业云”整合8类数据，涵盖种植、畜牧、水产、市场等各类农业信息资源，建成脱贫攻坚产业情况分析、蔬菜批发市场价格动态分析、农业园区分布情况分析、新农村建设资金分析和农机补贴资金分析等5个应用专题（系统），推动全省75个农业园区开展146个物联网建设项目，实现了对农田实况视频，对农业气象、土壤墒情、农作物生长状况、病虫害等进行实时监测，结合作物产量预估模型，为贵州省特色农产品的长势和产量进行预测预警，提高了农业生产管理科学化水平。

食品可溯源，食用皆安心。目前贵州省已经初步建成农产品质量溯源体系，如“食品安全云”“动物及动物产品检疫电子出证平台”“农产品质量安全电子监控系统”等应用系统。电子监控系统覆盖全省364个电子监控点，其中县级84个，乡镇级280个。

以“数”支撑，精准提升。通过全面推广测土配方施肥系统，形成了覆盖83个县（市、区）的农业生产数据库、空间数据库与管理系统，建立了“贵州省农业信息资源分类与编码规范”“贵州省农业信息资源元数据”“贵州省农业大数据中心接口规范”“贵州省农业‘一张图’平台接口规范”“贵州省农业空间信息资源制图标准”等农业标准规范体系。

在全省范围内数联万物模式建立的同时，贵州省通过实施“大数据+乡村振兴”项目，进一步为乡村植入“大数据”基因，让产业发展有了“新标准”。产品销售有了“快车道”。农村发展有了“智慧眼”。乡村振兴有了“智慧芯”，对乡风民俗传承、精神文明建设、科教文卫事业发展产生了深远影响。

修文农投猕猴桃大数据融合产业项目先后荣获2016年度中国果业杰出品牌营销奖、2017年度中国果业十大杰出贡献奖、2017年第三届新农业盛典最具竞争力新品奖、2018年数博会贵州大数据十大融合创新推荐案例等荣誉。该项目利用大数据互联网+追溯云平台，由第三方技术团队针对施肥、用药、采摘等进行精准数据采集及监测，保证数据真实性。实现“一果一码”，让监管部门知道农药残留情况，消费者可以通过扫描二维码了解整个果园的种植、采摘全过程，确保食品安全。

案例来源：《贵州日报》，http://www.cac.gov.cn/2019-10/14/c_1572601065849277.htm。

2. 大数据加速农业育种

传统的作物育种和家畜育种成本高、工作量大，常规育种需要耗时十年甚至更久，大数据在育种领域的应用大大加快了这一进程。过去的生物调查通常在温室和田地进行，借助计算机技术，再结合自动化的种子切片技术，在实验室即可对大量材料进行筛选，大大减少田间的工作量和花费，有助于实现更迅速的决策。

■ 案例

焦作联丰良种工程技术公司运用大数据玉米育种软件，通过整合育种材料、自交系培育、组合测配技术生产出来的18个玉米新组合和自交系品种表现极佳，具有高产、耐密、多抗、脱水快等特性，其中6个被我国东北、西北、黄淮地区选定为区试品种。

为打破常规育种中专家凭经验对育种各环节垄断的作坊式育种格局，该公司建立了玉米育种大数据库，开发出了具有国家自主知识产权的大数据玉米育种软件，实现了育种过程中育种材料选拔、自交系生产鉴定、组合测配、杂交种鉴定等各环节车间化，建立起了一个高效率的玉米育种工厂。

工厂化育种，提升了育种效率，节省了成本，加快了玉米育种从“实验室”到“试验田”示范推广的步伐。常规育种周期长、成本高，从材料选择、自交系培育，到测配、测试，要拿出一个成型组合需要3~5年的时间，成本约60万元。该公司利用大数据实行车间化组合、标准化生产、流程化作业，一年可生产有效组合5000个，效率是传统育种的100倍以上，综合运营成本比传统育种方式降低了 90%。

案例来源：农村网。

3. 大数据帮助实现农业预警

就整个农产品市场信息体系而言，传统的农产品流通消费领域存在供求信息不匹配、不全面、信息流通不畅的问题，利用大数据技术可以很好地解决这些问题。

通过全方位感知和分析农产品产量信息、产品结构、流通及消费信息、病害及气象信息，结合对历史数据的分析，利用智能分析技术判断整个信息流的流量与流向，并对农产品全产业链的过程进行模拟，可以建立数据模型，从而找出共性，把握规律，掌握趋势。农业大数据预警系统可以有效降低农业生产和销售中的不确定性，让农户在产前、产中、产后进行全程把握，从而优化生产布局，避免浪费，力争实现产销匹配、生产和运输匹配、生产和消费匹配。

近年来，农业农村部、商务部、发展改革委等部委和地方相关部门积极推动农产品管理数据和监测预警系统的建设，并在实际运行过程中取得了一定成效，但目前的预警系统仍然面临信息不够准确、不实用和传递不到位等问题。

■ 案例

“托普云农”借助农业大数据汇总分析来识别害虫的种类、数量。农业大数据管理平台，以 SaaS 为基础，通过遥感技术、GIS、物联网、互联网等技术整合区域农业种植的各类数据资源，建立体系化的数据挖掘分析机制，进行涉农数据的自动采集、统计分析、决策应用。在“托普云农”农业大数据管理平台中，借助智能虫情测报灯、害虫性诱测报系统等设备的数据传输、整合分析，可实现对虫害的发生期、发生量、发生类别以及危害趋势的预测。同时，还能在病虫灾害发生后或发生期间向用户提供防治的方法和措施。

案例来源：托普云农农业物联网。

4. 大数据征信有助于完善农村金融体系

传统金融机构并未充分满足农业农村的金融需求，由于农业自身存在信息化程度低、农民的有效抵押物少、经营过于分散等多种问题，造成农业的经营风险较高，农民收入波动较大，上述情况导致整个农业金融服务远不如其他行业发达。

大数据可以高效汇集并筛选有效信息，帮助金融机构全面了解用户的信息，并通过对其日常收支情况、经营能力、负债情况、借贷历史、消费情况、信用记录、社交情况等维度进行分析、论证与建模，评价农户的信用情况。上述数据可以作为发放贷款、设置农业保险的信用依据，从而可以有效减少金融风险，推动金融更好地为“三农”事业服务。

四、我国农业大数据发展面临的问题

1. 大数据管理体制方面

我国农业大数据的突出问题是条块分割带来的结构性不合理。在当前

的管理体制下，各农业主管部门的涉农大数据流动性差、难以共享；国家农业公共数据描述与表达标准尚未建立，各部门数据存储和表达格式不一，数据标准化、规范化严重不足；数据开放性不够，开放总量偏低，可机读性不强；缺乏覆盖农业全产业链的，包含农业发展全要素、农业生产全过程、农产品销售全流程的国家级农业数据目录和标准体系。

2. 大数据技术方面

我国大数据技术研发总体上水平不高，和国外发达国家的技术和应用方面都存在一些差距，大数据应用于农业生产的时间也不长，技术积累和经验不足。我国农业大数据来源广泛，大量存在可用性差和异常数据过多的问题，无形中提高了数据挖掘技术的难度；农业大数据涉及环节众多，规模庞大，各环节协同性差；大量非结构化数据的存在给农业大数据的挖掘、存储和处理工作都带来了不利影响。

3. 人才方面

大数据技术专业性很强，通常需要完整的专业培训才能很好地掌握。农业大数据技术的开发和应用，需要既熟悉农业生产技能又掌握数据挖掘与处理等多方面知识的复合型人才。当前的条件下，很难让一个 IT 人才转去农田工作，而教会一个普通农民掌握大数据技术无疑是一件相当困难的事情。当前我国农业从业人员科学素养普遍较低，不能有效利用数据资源，难以承接农业大数据技术的快速发展，信息技术转化为现实生产力的任务艰巨。而且，目前我国设置农业大数据专业课程的院校不多，造成农业大数据研究与应用人才严重不足。

第三节 人工智能技术

一、我国农业领域人工智能发展概述

我国人工智能应用于农业领域的时间较晚。2017 年 7 月，国务院发布的《新一代人工智能发展规划》中提出，智能在市场层面，已经有部分企业开展了智能农业的尝试，在部分领域的应用已经取得了积极进展。例如智能农机设备研发（病虫害识别、植保无人机升级、农产品无损检测）、智能农田、智能禽畜水产养殖，以及农业专家系统等领域的应用均已有所突破。由于技术创新能力不强，以及农业网络基础设施建设等多方面的原因，我国人工智能的农业应用比较初级，不够广泛和深入。

二、人工智能在农业领域的主要应用

1. 精准农业生产

精准农业是融合现代信息技术和传统农业生产的完整应用和实践体系，包括信息采集—信息解码—投入优化—田间实践四个环节，精准农业的核心，是依据作物生长环境，实时测定作物实际需求（如水、肥、药、

光）来确定作物需要的投入。人工智能可以在农业领域发挥作用，关键取决于农业生产环境信息和作物生长信息等核心数据。利用 GPS 及各类生态环境传感器，获取气象、土壤、水分、病害等数据，依据数据确定该地块最适宜播种的作物、风险领域、最佳种植方案，完成种植、灌溉、收割的精准化操作，实现农业生产的精准化和效益最大化。

2. 智能农机装备

农机装备的稳定发展是我国进行农业现代化建设的关键助力之一，是我国农业现代化、数字化、智能化进程的重要影响因素和推动力。随着技术水平提升及新材料的应用，我国农机装备不断走向自动化和数字化，不断向高端方向迈进。利用机器学习，智能农机装备具备在作业现场进行自我决策的能力，大幅提升了作业的效率和准确性，并将人力从繁重的工作中解放出来。

国内已有雷沃重工、中联重科等农机设备厂商成功开发出拖拉机自动驾驶系统和精准平地系统并投入使用，田间作业可视化管理开始向实用阶段迈进。智能农机通常可以实现以下功能：①精准导航，提供最佳垄向开掘导航路径，实现光热资源的最大化利用，先进的自动驾驶系统能够提高复杂地形和环境下的导航精度，减少农具偏移问题的出现；②作业记忆共享多辆农机路程信息，避免重复作业或遗漏；③自动驾驶，提供高精度定位，自动转向、自动导航、重复控制等；④自动喷杆调控装置，能提高种子和肥料投放的准确性。

除此以外，农机物联网平台（机联网），可以同步掌握农机位置信息、状态信息，利用机器学习算法，计算农机调度过程路径规划并实现调度策略最优化。

■ 案例

在青岛平度市任兆镇，北斗导航无人驾驶大葱开沟机，用“北斗+基站”的作业模式，实现了自动驾驶作业，精准定位，作业轨迹直线度好，误差低于2.5厘米，节约土地并利于后期作业，一天能完成60多亩的作业。全自动大葱钵苗移栽机，作业效率1亩/时，秧苗从秧盘中的推出、皮带输送、开沟、种植、培土过程全自动，具有经济性好、作业效率高、轻量便捷、操作简便、全程自动化、无苗自动报警、自由选择间距等特点。种绳蔬菜播种机可实现开沟、播种、滴灌、覆土、镇压同步完成，深浅自动调节，播种深度均匀，速度可调，作业效率高，一台机具每天可作业30亩，还配置了自动差速器，可实现原地转弯360°，适合小地块作业。

案例来源：《山西农民报》。

■ 案例

2017年4月下旬，预报显示河南省安阳市100多万亩小麦有重大病虫害发生趋势。该市紧急调度400多架植保无人机、1000余名飞手及技术服务人员，10天完成了34个乡镇、733个行政村100万亩小麦的植保作业。

这是国内首次应用植保无人机完成100万亩小麦统防统治作业，也是植保无人机全国跨区作业的一次成功尝试。来自中国农业科学院、中国农业大学、河南省植保站等单位的专家团队对项目区21个乡镇、37个村的64块麦田随机取样调查，结果显示此次植保无人机统防统治对小麦蚜虫的防治效果为94.1%，较农民自防效果提高4.8%；植保无人机统防统治对小麦病害的防治效果为81.03%，较农民自防效果提高10.47%；节约农药使用量30%左右，节约用水量98%。与传统人工打药每人每天作业20亩相比，植保无人机每机每天打药400~600亩，是人工效率的20~30倍，仅人力成本就可节约900余万元。

案例来源：https://www.nyzy.com/nzpd/1259.html。

3. 农产品质量检测

农产品质量检测包含农产品加工、品质控制以及成分分析等内容，是农产品流通消费过程中的重要环节，也是确保消费者消费安全的重要步骤。传统的农产品质量检测主要依靠人工手段，不仅效率低下，而且受到人类自身主客观因素的影响，检测结果的准确性和稳定性差。

利用人工智能中的机器视觉和人工神经网络，可以准确、快捷地对农产品质量和品质进行检测，不仅节省了人力，工作效率和检测精度也大幅提升。我国利用人工神经网络进行农产品检测应用的实践也有所进展，检测的对象主要包括水果、茶叶、棉花、禽畜肉产品，检测内容包括农产品的尺寸、形状、纹理、颜色、视觉缺陷等。

三、人工智能在农业领域应用存在的问题

首先，作为发展农业人工智能的基础，我国农业大数据发展建设薄

弱，限制了人工智能的发挥；其次，我国幅员辽阔、地形复杂多样，农村网络基础设施发展不均衡、不完善，开展农业自动化作业存在一定的难度；最后，我国人工智能人才储备不足，同时掌握人工智能技术和农业生产技术的人才更是稀少。

第四节 “3S”技术

近年来，以物联网、人工智能、“3S”、云计算为代表的信息技术层出不穷，信息技术的推广应用逐步渗透到农业的各个场景中，深刻改变了传统农业的生产经营方式，推动农业不断朝精准化、自动化、高效的方向发展。

一、“3S”技术概述

“3S”技术是遥感技术（Remote Senescing，RS）、地理信息系统（Geographical Information System，GIS）、全球定位系统（Global Positioning System，GPS）的简称。“3S”技术融合了空间技术、传感器技术、卫星定位与导航技术和计算机技术、通信技术，是多学科综合应用。随着技术进步，RS、GIS、GPS相关技术不断走向技术集成，构成“3S”技术体系，可以实现对空间信息进行快速准确的采集、处理、管理、分析、传播和应用。“3S”技术的研究和应用始于20世纪60年代，其发端于测绘行业，现已广泛应用于国土、城市规划、交通、林业和军事多个行业，在国民经济建设、资源环境管理和灾害预警监测方面发挥了重要作用。在农业领域，“3S”技术可以为现代农业建立与之相适应的地理信息系统，为农业的规划、设计、管理、生产、决策过程提供更为精确的信息，在农业领域的应用优势非常明显。20 世纪 80 年代起，“3S”技术在我国农业领域开始有所应用，历经多年发展，产生了巨大的经济和社会效益，成为推动“数字农业”发展的重要手段。

二、“3S”技术在精准农业生产中的应用

1. 精准农业的概念

精准农业是按照田间每一操作单元（区域、部位）的具体条件，精细、准确地调整各项土壤和作物管理措施，最大限度地优化各项农业投入，以获取单位面积上的最高产量和最大经济效益，同时保护农业生态环境、保护土地等农业自然资源。精准农业的基础是地块内的空间变异。精准农业强调经济、生态和社会效益的统一，实现定位、定量、定时的最优化生产管理。由此可见，精准农业是一种基于空间信息管理和变异分析的现代农业管理策略和农业操作技术体系，以地理信息技术为主体的信息技术是精准农业的技术核心。

2. GPS 技术及其在精准农业中的应用

GPS 主要由 GPS 卫星星座、地面监控系统、GPS 地面接收机三部分构成。它通过人造卫星对全球各地进行扫描、分析和定位，每天为全球用户提供三维位置、速度和时间信息。GPS 具有精度高、抗干扰能力强、观测

时间短、操作简便、全天候作业等特点。农业信息空间和时间变化量的采集是实现精准农业的基础，因此 GPS 在精准农业中具有重要地位。

GPS 技术可以为农业田间作业提供准确的空间位置信息，包括完成对土壤类型、土壤肥力特性、作物生长发育状况、病虫草害及农作物产量等田间信息的采集，为各种监测目标提供高精度的定位、定量数据，有助于实现更加科学合理的农业田间决策。

（1）智能农机导航。

在耕种、收割、施肥、喷药的农业机械上安装车载 GPS 定位器，能程序化地跟从已定的路线进行耕种施肥或者进行农药喷洒，由于具有精确定位功能，农机可以将作物需要的肥料与农药运送到准确的位置，合理化的路线有效减少了肥料和农药的使用。同时，在 GPS 系统支持下，可以确保智能农业设备在作业过程的一致性、便捷性，减少人力成本投入，有效提高农业作业效率，提高作物产量。

（2）病虫草害灾情监测。

由于病虫草害具有易爆发、传播快、流行性广等特点，所以传统的灾情监测十分困难。GPS 技术支持下的精准农业，在农田遇到灾情时能够精确定位受灾地段，特别是能够准确判断灾情轻重，并将信息传输至云平台，依据云平台数据判定在不同受灾地段的投药量，同时也可以借助 GPS 定位器进行精确投药。

（3）科学农机调度。

通过 GPS 可以快速采集和实时监测农机信息，准确分析农机作业面积和作业质量，追溯农机的历史移动轨迹，实现对作业农机的远距离快速调度，便于农机管理部门科学调度农机服务和组织作业机具，减少了农忙时期农机流动的随机性和盲目性，避免了农机扎堆抢农活现象的发生。

GPS 技术适用于精准农业生产的产前、产中全过程。实施精准农业所需的农业数据采集、田间管理、农业病虫害预警等内容，均依赖于 GPS 及时获取准确、适时、动态的农业资源空间信息。

■ 案例

针对 2020 年年初南亚等地爆发的严重蝗灾，珠海欧比特宇航科技公司利用“珠海一号”高光谱卫星遥感，对巴基斯坦俾路支省东北区域 2020 年 1~2 月的 NDVI 进行动态监测，根据长时间序列的卫星数据分析农田植被的变化情况，从而判断发生蝗灾的农田范围和受灾程度。

遥感图像显示，根据 2020 年 1 月到 2 月底的 NDVI 动态专题图的变化情况，整个研究区农作物 NDVI 值从 1 月初到 2 月 18 日呈现逐渐增长趋势（1 月 24 日~1 月 29 日受下雪低温影响停止增长），在 2 月 28 日时整个研究区的农作物 NDVI 值整体大幅度减小，大幅度减小的原因最有可能是农作物遭受到蝗虫的啃食。

上述动态变化表明，蝗虫危害前后 NDVI 值的变化可以在一定程度上反映作物是否遭受灾害，鉴于此，可以对受灾区域进行定期监测。同样，NDVI 指数可以作为产量评估和虫害评估的重要依据，这对实时监测虫害分布和作物生长情况、及时采取施策具有重要意义。

案例来源：田金强．蝗灾防治　3S 技术大有作为［J］．中国测绘，2020（4）：44-45.

3. RS 技术及其在精准农业中的应用

遥感，顾名思义，即遥远的感知。遥感技术就是在一定距离外（包括高空遥感和低空遥感）接收来自地球表层发射和反射的电磁波信息，通过对这些信息进行扫描和处理，对地表物体和现象进行探测、识别和分析的综合性探测技术。例如，根据不同物体所反射和吸收的光谱波段的差异，判断它们的形状、颜色和大小，从而区分不同的物体。农业是遥感技术应用最广泛和成熟的行业之一。遥感技术广泛应用于农业资源调查及动态监测、农作物产量估测、农业灾害监测及损失评估等，为农业的增产增收发挥了巨大的作用。

（1）农作物长势动态监测。

根据遥感技术及成像和处理技术获取的农田和作物多光谱图像信息，对于农作物生产管理十分重要。通过分析不同时段内获取的 RS 图像的光谱变化，可以实现作物长势监测的动态过程；RS 多时相的影像数据可以反映宏观作物生长发育的规律性特征，用于了解作物的生长信息，如根据作物叶片的形状和颜色判断其健康状况，以便及时有效地灌溉、施肥、施药。由王道龙研究员主持完成的“星陆双基遥感农田信息协同反演技术”课题，探索了综合运用陆基无线传感器网络技术、多源卫星遥感定量反演技术、时空耦合和数据同化技术快速获取农田环境和作物时空连续参数的新技术和新方法，填补了国内技术的空白。

（2）作物遥感估产。

利用 RS 技术，通过分析获取影像的光谱信息，可以分析作物的生长信息，建立生长信息与产量的关联模型或函数（可结合一些农学模型和气象模型），从而就可以完成对作物的估产。作物遥感估产系统主要集成了作物种植面积调查、长势监测和最后产量估测整个业务流程。国内外主要的作物遥感监测运行系统在美国、欧盟和中国。

历经多年的技术发展与应用实践，我国农作物估产与监测的研究工作取得了明显进展，估产对象已经从单一的冬小麦扩大到小麦、水稻和玉米等多种农作物，遥感辐射的区域也已得到很大的扩展。中国全球农情遥感速报系统自 1998 年建成运行，经过多年开发、升级，已成为国际上领先的三大农情遥感监测系统之一。该系统不仅服务于中国粮食作物生产调控，同时还为全球 147 个国家和地区提供农情信息服务。

此外，气象遥感可以及时准确获取天气预报（如降水）信息，并实现对气象灾害和病虫害的早期预警。RS 技术还广泛应用于农业资源监测、土壤墒情监测、土壤侵蚀调查等多项农业服务。

4. GIS 技术及其在精准农业中的应用

GIS 技术集空间地理数据信息的采集、存储、管理、分析、三维可视化显示与输出于一体，是精准农业的核心技术。在精准农业体系中，GIS 不再是一个孤立的系统，而是围绕精准农业核心思想而提供较全面地理信息服务的平台。GIS 具有强大的空间数据处理功能，同时还可以辅助决策。如果把 RS 技术和 GPS 技术比作精准农业的两只眼睛，那么 GIS 技术就是精准农业的大脑。由于其功能强大，GIS 技术在农业领域得到了广泛的应用，如精确农业变量施肥、农田灌区灌溉管理、农业景观格局研究等诸多方面。

（1）农田信息可视化与专题图制。

GIS 可以完成空间信息可视化。通过各种离散空间数据的采集和 GPS 传感器的计算，完成对各种田间信息图形化处理。GIS 技术将绘制的各种田间信息的空间分布图，以二维平面、三维立体以及动态等更形象、立体和直观的方式形象展现，有利于用户的分析和统计工作。GIS具有制图功能，它可以将各种专题要素地图组合在一起，产生新的地图，为智慧农业信息提供一个直观的展示平台，包括病虫灾害覆盖图、耕地地力等级图、农作物产量分布图以及农业气候区划图等农业专题地图。

（2）农业生态环境研究。

地理信息系统广泛应用于农业生态环境研究的多个场景，包括环境监测、生态环境质量评价与环境影响评价、环境预测规划与生态管理以及面源污染防治等。在农业环境监测方面，结合GIS的模型功能和环境监测日常工作需求，可以建立农业生态环境模型，模拟区域内农业生态环境的动态变化和发展趋势，为相关决策提供更为科学的依据。

以精准农业为代表的数字农业是我国农业的发展方向，精准农业的建设对我国农业生产方式转变、农业生态保护和农产品安全具有十分重要的意义。“3S”技术在我国农业领域的研究应用日益广泛，为农业的生产经营带来了翻天覆地的变化。但我国“3S”技术还存在核心技术体系缺乏、成本较高、人才缺乏等问题，今后相关的研究和实践中还应当进一步深化和完善。

三、“3S”技术在农业应用中的挑战

1. 设备国产化率低

在美国等农业发达国家，已出现可以适用于农业生产与管理的“3S”软硬件产品，较为成功地满足了农业生产经营的需要。我国市场上常见的

相关设备种类匮乏，功能不强，规模化的专业市场也没有形成。

2. 数据获取存在难度

我国耕地面积广大，农田分布过于分散，“3S”技术应用起步较晚，大量基础数据缺失，因此数据的采集和更新都是问题。

3. 技术推广成本高

当前，对国内大多数普通农户来说，遥感图像的生成所需成本较高，不易接受，成本问题限制了其大规模的推广应用。

第五节　区块链技术

一、区块链技术的概念和特点

广义来讲，区块链技术是利用块链式数据结构来验证与存储数据、利用分布式节点共识算法生成和更新数据、利用密码学的方式保证数据传输和访问的安全、利用由自动化脚本代码组成的智能合约编程和操作数据的一种全新的分布式基础架构与计算范式。简单来说，它是一个不可篡改和无法伪造的分布式数据库。区块链的主要作用是存储信息，任何需要保存的信息都可以被写入区块链，当然人们也可以从中获取所需信息。

区块链有两个重要特征。一是信息的高度透明性。在区块链中，任何计算机都可以作为一个节点加入到区块链网络，且每个节点都是平等的，都保存着整个区块链数据库，其存储的数据具有一致性，所有数据都是全冗余备份，除了加密的交易双方私有信息不公开以外，其他信息在区块链中都是公开透明的，任何人都可以访问，使信息具有高度的共享性和透明性。二是采用了时间戳技术，区块头中包含了该区块链生成的时间信息，唯一标识了一个时刻。每个区块一产生就生成了对应的时间戳。时间戳不仅提高了区块链中数据的不可篡改性，还使区块与区块之间具有时间序列的排序关系，使信息更加公正。

二、区块链技术在农业领域中的应用条件

从最初的数字货币和金融行业，近年来，区块链的应用正在向更广泛的领域拓展。当前，区块链在农业领域的应用还处于初始阶段，应用场景主要在农产品溯源和供应链管理等方面，其中，作物/畜牧育种、农产品质量追溯、地理标志产品管理都属于广义的溯源领域的细分场景。

从技术条件看，区块链技术日益普及和推广，并且其在商业应用方面的相关技术，如侧链、分层和其他技术等也取得了一定的进展，网络环境建设也日益成熟。从政策环境看，自 2019 年以来，国家先后发布了有关区块链赋能农业的相关政策。2019 年 5 月，中共中央、国务院发布《关于深化改革加强食品安全工作的意见》，指出推进区块链等技术在食品安全监管领域的应用。2020 年的中央一号文件（《关于抓好“三农”领域重点工作确保如期实现全面小康的意见》）提出，要加快区块链、人工智能等现

代信息技术在农业领域的应用，这是区块链技术作为国家战略被正式写入中央一号文件，成为现代农业的基础设施。

三、基于区块链技术的农产品溯源体系优势

原本的“单个中心”，变为“多中心”，由多个中心组成一个可信任的“生态圈”。区块链可以利用其分布式账本的优势，实现数据不能被篡改、可靠性高、易追溯以及透明度高的特点，为农产品的质量安全提供了重要的保障。要想进行产品质量造假，就需要修改全网关于这个产品的所有信息，这在保障整个系统的安全性方面具有重大意义。以区块链为基础建立的溯源系统，将极大提高造假成本，极大提升农产品供应链的可靠性。

■ 案例

安徽尝试用区块链技术为特色农产品“溯源认证”。砀山酥梨是安徽砀山县特产，属于国家地理标志保护产品。在一个安徽砀山酥梨的蚂蚁区块链溯源信息上，记者看到，产品的销售电商名称，以及正宗原产地位置、产品特色、所属的品质联盟等“身份”信息，甚至扫码次数都能被清晰地显示出来，消费者只需轻轻一扫，便一目了然。

此外，区块链技术还可以为此类特色农产品生成“溯源链证书”，将产品所在区块、唯一编码、成块时间、所在链，以及上传者身份、上传主体证明、上传时间等信息集成展示，为特色农产品，特别是地理标志保护产品提供源头、身份、数据的多角度“背书”。

案例来源：安徽尝试用区块链技术为特色农产品“溯源认证”，新华网，http://www.xinhuanet.com/2020-06/12/c_1126106929.htm。

当前区块链技术在农业领域的应用尚不成熟，但区块链凭借其独特的优势，在解决农产品溯源、农业供应链提升和农村金融方面，展示出良好的应用前景。因此，加强相关的研究和应用工作非常有必要。

第四章

数字农业国外发展现状

第一节 美国数字农业发展概述

美国农业的基本情况是土地资源丰富，人均耕地面积可达0.66公顷，是全球人均耕地面积的3倍，是中国人均耕地面积的6~7倍，但由于劳动力紧缺，劳动价格昂贵，同时工业化水平和农业机械化水平较高，美国农业发展成为以科技代替人力的现代化农业。美国利用互联网技术（如物联网、大数据、区块链等）开展的农业生产已处于世界领先地位。

美国农业生产采取物联网技术和大数据分析，实现了农产品的全生命周期和全产业流程的数据同步和数据共享。物联网技术系统在农业领域的应用非常普遍，涉及农田灌溉、变量施肥喷药、杂草自动识别、病虫害防治等精准控制技术的规模化、产业化应用，通过生物传感器等手段实时监控农作物生长过程中的土壤情况和生产力状况（水分、温度、氧气浓度等），使用红外成像系统配合卫星鸟瞰观察作物的生长状况，借助生物量地图系统及时判断作物的营养及水分需求并给出智能解决方案。据统计，美国69.6%的农场采用传感器采集数据，进行与农业有关的经营活动。

■ 案例

Cropx公司开发出与无线传感器集成的基于云的软件、硬件解决方案，提供先进的灌溉和土壤检测软件、硬件服务，在保护环境的同时提高作物产量，降低水和能源成本。由于不同作物的根系对水的吸收速度和需求量不同，而这些因素将影响农业用水需求量和作物生长情况，Cropx 开发了一种探测硬件，探测土壤湿度、温度和电导率，并通过无线装置把数据发送到云端，然后通过分析土壤的需求量，把灌溉数据实时发送给农户，农户可以从任何移动或固定设备上访问云。通过这个装置和系统，农户在灌溉方面节省了大量的水资源。

Semio 是一个专业的病虫害分析系统，有专用网络，并给使用该软件的农户在每一块土地上安装该网络设备以及遥控信息素分配器、害虫摄像机陷阱、整合气候站、温度湿度传感器，以确保收集数据的准确性，从而达到控制病虫害的效果。

案例来源：36 氪。

不同规模农场信息技术使用情况见表 4-1。

表 4-1　不同规模农场信息技术使用情况

规模	特大型农场	大型农场	小型农场
模式	计算机集成自适应生产	产量监控器预测	植物工厂

续表

规模	特大型农场	大型农场	小型农场
具体内容	将市场信息、生产参数信息（气候、土壤、种子、农机、化肥、农药和能源等）、资金信息和劳力信息等集中在一起，经优化运算，选定最佳种植方案	使用产量监控器，再加上作物种类、耕作区域、全球定位系统等信息，在农作物未收获之前便可形成产出报告，有助于更好地预测农作物市场价格	“植物工厂”被称作目前为止最为先进的封闭性生产体系，它将最先进的农业技术运用到生产中，包括由机械人或者机械手进行施肥、移栽等工作，对工厂内的温度、光照、湿度、二氧化碳的浓度采用物联网技术进行远程操作与管理，智能化的管理手段使得工厂大大节约了人力成本，提高了生产效率，在美国家庭农场中，“植物工厂”占比已经高达88%

在农产品流通销售领域，美国是世界上最早开展农产品电子商务的国家之一，并保持世界领先。早在20世纪80年代，美国就开始尝试农业电商。2014年接入农业电商的农户比例已达57.6%，大型农产品网站有450个，产值达200亿美元。按照美国法律规定，由农业部下设的生鲜农产品销售局负责这项工作。农业经营者可以从网上查阅农产品的实时市场信息，并寻找交易对象和时机，提高了商品流通销售的效率。其中，代表性企业有Fresh Nation、Relay Foods、Local Harvest、Farmigo等。

■ 案例

Fresh Nation将实体农贸市场转移至网络平台，并绘制了全美的农贸市场分布图。通过与各大农贸市场的经营管理者洽谈，由Fresh Nation提供网上交易服务，各个农贸市场提供相应的农产品，从出库到消费者手中仅需几小时，极大地提高了农产品的新鲜度。Relay Foods与Fresh Nation相似，也是通过与当地农户、农产品企业合作，通过互联网平台向消费者提供生鲜农产品服务。Local Harvest 是一个连接中小农场和消费者的平台，在该网站上，消费者输入本地区号，就能搜索到本地社区附近的农场，这样的“本地化”的电商模式，有利于节省物流成本。Local Harvest 搜集了海量有个性的生鲜农产品，还搭建了消费者与农场互动的平台，并为农场主提供农场管理软件，提高他们的农场管理效率（结合美国经验谈生鲜农产品电商模式发展策略）。Farmigo 开启了社区化导流模式，将消费者按照地理位置远近划分为若干食品社区组织，并与当地农场对接，农民通过平台管理农产品的生产、销售和配送，消费者通过加入或发起一个约 20 人的食品购物社区，在所在社区专属的网页上下单购物，当地农场则每周以社区为单位，将订单汇总，然后每周定期给各个社区配送，最后消费者到取货点取回网购的食物。

美国实现了对农业数据的全面收集和整理，也较早完成了农业数据开发。农业信息化基础设施和农业信息数据库的建设是发展信息化农业的基础，早在 19 世纪 90 年代，美国已着手打造农业信息网络，迄今已基本完成了全国性基础设施的铺设。美国已建成世界最大的农业信息系统——AGNET，该系统涉及面广泛，包括美国本土 46 个州和加拿大 6 个省。通过该数据库系统，美国境内所有涉农单位都实现了数据的无障碍查询与使用。

第二节　日本数字农业发展概述

由于日本人多地少、人口老龄化问题十分突出，所以日本大力发展适度规模经营精细化农业生产方式，提高农业生产技术手段和基础设施现代化。日本以轻便型智能农机为发展重点，结合土壤采集设备、作物生长传感器系统、病虫害防治系统、无人机操作系统等物联网技术手段，针对劳动力不足的现状，力争实现农业的数字化和自动化水平。

日本的互联网在农业领域以下几个环节得到了广泛应用（见图4-1）。

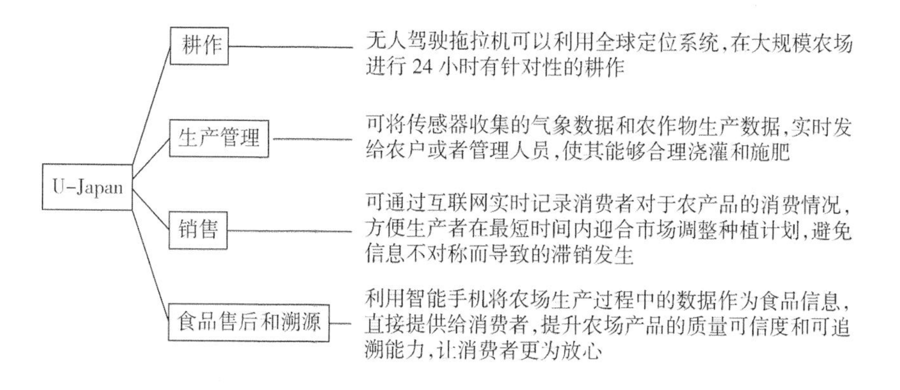

图4-1　日本的互联网在农业领域的应用

由于人口老龄化问题突出，日本始终把低人工成本的农业科技研发工作作为农业领域的主攻方向。例如，日本农机企业已经开始推出无人驾驶农机，此类农机具有智能化功能，带有卫星定位系统和各类传感器。只需预先在操作平台上输入耕作环境信息等，无人驾驶农机就可以利用全球卫星定位系统在设定的轨道自动行驶和耕作，有效减少了人力，提高了工作精度。农业机器人是日本发展数字农业的重要突破口，并计划在10年内普及农业机器人的使用，预计2020年市场规模将达到50亿日元。

第三节　荷兰数字农业发展概述

荷兰是典型的人多地少、可耕地面积贫乏的国家，号称“低地之国”，全国有27%的国土低于海平面，但它却是世界人口密度最高的国家之一，其人口密度是我国的两倍以上。荷兰有58%的土地用于农业，农业结构中种植业、畜牧业和园艺业占比分别为12%、54%、38%。荷兰全年光照时间只有1600小时，远低于我国的平均光照时间2600小时，正因如此，荷兰竭尽所能提高现有土地的利用率和农业附加值，严格规划土地使用情况，利用农业科技力量大幅提高单位面积的产量，成为全球农业强国，农产品出口列世界第二位。

荷兰的玻璃温室农业是其农业现代化的典范，玻璃温室建筑面积约有1.1亿平方米，占全球玻璃温室面积的1/4，玻璃温室约60%用于花卉生产，40%主要用于果蔬类作物（主要是番茄、甜椒和黄瓜）生产。荷兰是全世界温室最集中的国家，年产值高达10亿欧元。荷兰在1970年前后开始实施温室大棚种植，通过欧洲先进的工业自动化技术，以提升自动化生产水平为核心，大力发展温室内部自动化生产装备。荷兰温室作物生产从设施建造到栽培管理大多实现了自动化控制，包括光照系统、加温系统、喷药机、液体肥料灌溉、施肥系统、二氧化碳补充装置、机械化采摘系统、无人运输车、轨道式分选包装系统及冷链系统等各种机械化设备和智能化控制系统。荷兰建立了温室农业高效生产体系，成为世界农业生产机械化、自动化程度领先的国家。以工厂化的设施农业物联网发展模式为代表的数字农业已成为荷兰设施农业生产的主要技术应用模式。

荷兰设施农业物联网的应用主要包括三大方面：一是温室环境的自动化控制。荷兰大部分的农户已经使用“3S”系统，由荷兰政府提供卫星支持，利用其捕捉农田信息，对农田情况进行科学分析，分辨有益和有害行为，从而更精准、更有效地给出种植建议并进行综合病虫害治理。设施农业中，普遍使用生物防治，化学农药使用比例较小，只有10%～20%，物理和生物防控比例基本在60%～80%。另外，在自动化控制方面，有基于机器人学习的温室黄瓜自动采摘机器人、基于物理的温室知识模型和多幅图像的水果自动识别与计数控制器等设施农业生产智能化技术产品得到发展应用。例如，Jansen等证实可以利用计算机系统对气相色谱质谱仪获取的温室作物挥发数据进行自动处理，以准确测定温室中与作物健康相关的有机物浓度。二是设施农业智能化节水控水技术的广泛应用。荷兰特别重视水资源的利用，每个家庭都有网络控制的喷淋、滴管灌溉和人工气候系统，灌溉用水需要进行再收集、处理，反复使用，水的计量单位精确到了“滴”。三是养殖场（小区）管理的自动化。荷兰在养殖场（小区）采用计算机自动化管理信息系统，以奶牛为例，对奶牛编号、存档、生长发育、奶产量、饲料消耗、疾病防治、贮藏、流通和销售等各环节进行全程监控，实现农业生产经营全过程自动化、智能化。

第四节 澳大利亚数字农业发展概述

澳大利亚政府非常重视互联网技术在农业领域的应用，投入大量资金用于卫星定位系统及农业信息监测系统的建设、更新和运行，为农民提供土地测量、资源管理、环境监测、作业调度中的定位服务，可以显著提高作业精度，最大限度节约种子、农药、化肥等农资成本，提高农作物的产量。澳大利亚国家信息与通信技术研究机构（NICTA）利用 Farmnet 平台研发了各种便于农民使用的智能应用软件，农民可免费下载，其他公司也可参加平台上各项应用软件的研发。该平台在电脑、手机等终端都可以使用。澳大利亚农业与资源经济局建立了农业信息平台，包括监测信息系统、预测系统、农产品信息系统等。其中，监测信息系统负责相关情况的监测，如降水量、干旱区域以及土地减少的情况等。信息的采集点、采集区域由相关部门确定，信息采集点的监测系统自动采集数据，部分信息由人工更新。信息数据包括卫星系统的信息和土地管理局的信息等，相关的信息可以被其他部门共享，也可以为农业管理部门决策提供参考。另外，澳大利亚农业与资源经济局开发了“多项目分析系统”（MCAS-S），帮助农民评估可种植的土地。可持续发展和环保部使用定位系统 GNSS（Global

Navigation Satellite Systems）来获得水文、海拔、交通、住址、物业等信息的准确定位。在农业产业方面，结合 GPS 精准耕作，使作物布局更加合理，可以获得每一块用地的准确数据；在灾害防治方面，可监测到细微的土地的移动情况（在全澳大利亚范围内精确到 0.5 毫米），监测地质灾害、山体滑坡，以及森林火险等，有效保障农作物的生长，避免自然灾害的影响。

第五章

数字农业主要模式分析

第一节　数字农业生产——设施农业

一、设施农业概念

设施农业是农业发展的高级阶段，是一种技术密集型农业生产形态。设施农业通过各种技术的集成应用，创造了适宜作物生长的小环境，满足了养殖业动物生长所需的小气候，突破了农业生产的自然环境限制。一套完整的设施农业包括遮阳、补光、通风系统，灌溉施肥系统和中心控制系统等。与露天栽培相比，相同作物在设施栽培环境下的产量可以增加三倍，单位能耗也显著降低。设施农业不仅提高了农业的产量和质量，促进了农业资源的集约利用，使农业脱离了完全“靠天吃饭”的被动局面，而且突破了农业生产的季节性限制，有利于消费者多样化需求的满足。

二、设施农业发展现状分析

荷兰、日本、以色列、美国、加拿大等发达国家设施农业在20世纪已经开展，经过多年的发展积累，技术研发应用领先，设备先进，特别是荷兰、日本、以色列等国，已经基本完成了设施农业与计算机技术的充分融合对接，设施农业作业过程不断向自动化和智能化迈进。

近年来，随着对食品安全问题的重视，我国开始逐步重视设施农业的发展，2008年，农业部印发《关于促进设施农业发展的意见》，为我国设施农业的发展起到了重大促进作用。我国农民发展设施农业积极性较高，经过多年的发展，设施农业由最初的小范围、单品种应用，扩展到全国范围、多个作物品种的建设，部分地区的设施农业规模达到上千亩。我国高达95%的设施农业应用于蔬菜生产，在烟草、食用菌菇、花卉、苗木、养殖方面的应用实践也已逐步展开。在设施农业领域，我国已经初步构建了包括设施园艺、设施养殖和设施水产的较为完善的装备体系，为设施农业的大面积推广应用提供了物质保障。在我国部分经济发达地区，基本上已经做到了设施农业的全面普及，甚至在一些技术指标方面达到了发达国家的水平。

三、信息技术在设施农业的应用进展

物联网设施农业是大数据设施农业的重要组成。物联网设施农业技术设备主要包括温度传感器、光照传感器、湿度传感器、肥料传感器、二氧化碳传感器以及各类气象设备，采集数据，然后对数据进行逻辑分析后发出指令，从而控制温室大棚的遮阳和补光系统、通风系统、加温降温系统、二氧化碳发生装置、水肥一体机、视频监控系统、控制终端和控制软件平台。此外，现代设施农业条件下，实时监测信息、预警信息、农技知识等信息可以通过手机等信息终端向农户自动推送，实现用户对作物生长的网络化远程管理。

近年来，以设施栽培和设施养殖为应用重点的“物联网+”设施农业技术不断取得突破。我国围绕“设施农业嫁接、移钵自动化技术装备”等技术领域进行了重点研究开发。服务于设施农业的企业层出不穷，如浙江托普云农科技股份有限公司、广西慧云信息技术有限公司都可以为农业经营者提供智慧农业云平台解决方案。随着信息技术的发展和成本降低，物联网、人工智能、遥感技术等在设施农业中发挥的作用将日益重要。

四、我国设施农业发展的问题

我国设施农业技术手段较为陈旧，更新速度缓慢，大多数仍然依赖发达国家技术和发展模式，科技含量不高，可操作性差，硬件设施不完善，自动化水平不足。大多数作物基本上还是依靠人工进行采摘，农民劳动强度较大。例如草莓和葡萄，人工采摘不仅浪费人力，而且容易带来农产品的污染和损害。另外，水肥一体化技术的应用还不够普遍。

第二节 数字化农产品流通——农产品电子商务

一、发展农产品电子商务的价值分析

1. 扩大农产品销售半径，提升农业效益

农产品电商渠道可以跨越生产和消费的物理边界，完成农产品与全国市场乃至全球市场的对接，跨越小生产与大市场之间的鸿沟，扩大销路，使农产品不再依赖传统的市场收购或销售方式，农业生产的效益大大增加。同时，品种丰富、各具特色的农产品供给，有力地保障了消费者多元化的消费需求，使城乡居民的菜篮子和果盘子更加丰富，农民进行农业生产的意愿得以提升。

2. 降低交易成本，提高交易效率

电商销售具有实时互动、即时沟通的优势，在交易过程中减少了大量中间环节，降低了物流成本，保证了农产品的新鲜度。农产品电商实现了农业领域商业模式的突破，重塑农产品交易流程，实现了农产品交易线上线下的同步进行。

3. 有利于提升农产品品质，助力农产品塑造品牌

我国农产品种类丰富、特色明显，背后蕴含的历史文化内涵也都各不

相同，这些都为农产品品牌的打造提供了独特的优势。借助微信、直播、微博和自媒体等多种网络营销方式，农产品品牌可以快速崛起。生产者可以通过电商平台生成的产品交易数据，及时有效地获取市场需求和偏好信息，优化生产决策，提升产品品质。

4. 发展农村经济，助力乡村振兴

农产品电商还可带动农产品加工、物流快递、观光农业等相关行业的发展，不断催生新产业、新业态，拓宽农民的就业渠道，加速农村一、二、三产业的融合，是推动农业升级和乡村振兴的有力工具。

二、农产品电子商务模式分析

1. 根据农产品电子交易平台的建设运营主体划分

农产品电子商务模式可以分为政府商务信息模式、农业企业自营平台模式、第三方交易平台模式。

（1）政府商务信息模式是指由政府部门主导建设，通过在网站上发布农产品产品信息、市场信息、价格及交易信息等，促进农产品交易，如由黑龙江省农业委员会主办的黑龙江农业信息网（www. hljagri. gov. cn）。该模式大部分均可提供免费信息，初步实现了农产品供求信息的对接，适合简单的农产品信息发布和宣传，通常不具有实时交易功能。

■ 案例

“聚农 e 购”农产品电商平台是由安徽省政府批准建设的安徽农网建设和运营平台，专注通过互联网推广销售安徽名特优农产品，是安徽省农产品电子商务的政府性平台。该平台实行“平台+产品+线下店”的一体化运营，通过发展区域化用户、开发地区特产的方式，搭建区域用户专享体验服务和区域特色农产品上行便捷渠道，实现特色农产品“走出去、引进来”的双向互动。

案例来源：人民网，未来农业是怎样的？双创激发农业农村发展新动能，http://finance.people.com.cn/n1/2017/1113/c1004-29643261.html。

（2）农业企业自营平台是由农业生产、加工和销售类企业自行建设的交易平台，包含网站和微信商城等形态。它拥有便利性和直观性的优点，为农产品加工企业增加了一种便利的展销平台。平台货源可以是向厂商、供应商采购获得，也可以是自己生产，顾客可以直接在自营平台上下单选购。典型的如中粮集团下属的我买网（www.womai.com）、中国供销集团有限公司旗下的供销E家网、东昇集团旗下专业的水果采购平台翠鲜缘（www.cuixianyuan.com），以及光明乳业开发的微商城。农业企业自营平台的优点在于可以缩减供应链环节，降低双方交易成本；其缺点在于，首先是对企业实力和影响力有较高的要求，其次是平台开发、运营和维护需要较高的成本。

（3）第三方交易平台是指农产品的生产和消费双方的交易活动通过第三方提供的平台展开，由第三方交易平台提供完善的交易流程服务并收取费用。这是目前最普遍也是广大消费者最熟悉的交易类型。由于巨型平台带来的影响力和流量优势，所以给许多农产品生产者提供了展示的机会。这种交易模式一方面减少了企业自建平台的成本，另一方面可以通过改进营销手段扩大产品和企业的影响力。典型的第三方交易平台如京东网和淘宝网。

2. 按照交易双方的主体类型划分

农产品电子商务模式可以分为如下类别。

（1）农产品 B2B 交易平台模式。

商家（泛指农产品生产、加工、销售企业）对商家的电子商务，即企业间通过平台进行产品交易。

根据交易产品的类别，B2B 交易平台又可以分为：①综合平台，如中国农产品信息网（www. nongnet. com）、中农网等。这类平台综合资源丰富，覆盖面广，流量和影响力强，但竞争激烈，打造出特色有一定的难度。②垂直平台，如专注于活体生猪 B2B 交易的国家生猪市场平台（www. gjszsc. com），专攻中小餐厅生鲜食材采购的美菜网，金银花 B2B 交易平台“易农通”，以及专门做糖类 B2B 交易的广西糖网（现改名为沐田科技，www. msweet. com. cn，在糖业领域拥有广泛的影响力）。此类平台的优点在于内容专业化，服务集中化，用户精准化；其劣势在于渠道单一，资源分散，规模不大，运营成本高。

按照交易模式 B2B 交易平台可以分为三类：①在线交易模式，目前相对较多的是现货农产品交易市场，国内较大的农产品在线批发、采购综合交易（B2B）平台有慧聪网、中农网、绿谷网等。②有价信息服务模式，典型如“一亩田”（www. ymt360. com），它是专门做农产品线上交易撮合的代表性企业。③期货市场交易模式，即利用网络工具进行农产品交易。大连期货市场的有期权交易品种豆粕和郑州期货市场的白糖，均在网上进行撮合交易。此外，农业大数据公司布瑞克也开发建设了农产品期货交易平台农产品期货网（www. ncpqh. com）。

（2）B2C 交易平台模式。

①自营平台，指厂家通过自营的电子商务平台直接向消费者提供生产的产品的模式。这种平台适合于实力雄厚、具有一定的配送体系支撑和品牌积累的大规模生产加工商，如中粮集团、首农集团。

②综合类第三方平台。典型平台如淘宝、京东、天猫、顺丰等大型综合类电商平台。其优势在于产品种类齐全，来源广泛，满足了消费者多样性的选购需求；标准化的配送和售后服务减少了经营者自身的劳动力数量；网站自身良好的信誉保障为交易成功提供了背书。其劣势是同类产品竞争激烈，品牌的崛起需要较高的流量支持，用户在平台上营销和推广的成本越来越高。

③垂直类第三方平台。平台交易商品是特定的细分市场的产品，适合销售毛利润较高的产品、具有价格优势的行业。比较典型的平台是生鲜类平台，如本来生活网、每日优鲜、顺丰优选等。垂直类平台通过自有渠道、专业的产品和服务、价格更加优惠的商品赢得顾客。垂直类平台的优点在于产品的标准化和服务规范化，缺点在于推广成本和物流配送成本较高。

（3）C2C 电子商务模式。

这是一种个人之间的农产品交易模式。淘宝网众多的农产品个人卖家就是这种模式的典型代表。许多农户都在从事电子商务中获得了较高的经济利益，提高了农业效益。从更大范围来讲，C2C 农产品电子商务依托于互联网经济的新模式、新业态，正在深层次改变着中国农村的面貌，成为盘活农村经济、增加农民收入、促进乡村振兴的重要力量。

（4）C2B/C2F 模式。

这是一种个人对厂家的模式，主要是指订单农业模式，通过家庭宅配的方式把成熟的农产品及加工产品配送给消费者（通常是会员）。订单农业避免了盲目生产，真正做到了按需生产，也保障了消费者安全消费、放心消费。代表性企业如多利农庄等。这种模式通过预付款的方式，可以直接解决生产资金问题，同时也在一定程度上保证了农户稳定的收益，消除其生产过程的后顾之忧，调动了农民的生产积极性。但是，该类模式还处于起步阶段，交易双方主要基于一种信赖关系，产品缺乏权威的检验检疫程序，食品安全方面存在隐忧。

三、农产品电子商务发展特点分析

1. 农产品电商保持持续高速发展

（1）政策扶持力度继续加码。

近年来国家和地方层面有关扶持农产品电商发展的政策和文件密集出台。例如 2017 年 7 月，鸡西市人民政府印发了《鸡西市促进电子商务发展若干规定的通知》。

（2）交易规模持续增长。

我国农产品电子商务自 2015 年起加速发展，驶上快车道。2017 年农产品电商零售交易额达到 2436.6 亿元，同比上升超过 50%。2018 年上半年，全国农产品网络零售额已达 906 亿元，同比增长 39.6%，农业农村部预计到 2020 年将达到 8000 亿元。

（3）促进农民就业效果明显。

2017 年农村网店达到 985.6 万家，比上年同期增加 20.7%，全国淘宝村已经超过1300个，带动就业人数超过2800万人，电商为发展农村人口就业拓展了渠道。

2. 生鲜农产品网络零售模式不断创新

生鲜农产品是农产品的一个重要品类。生鲜农产品具有高食品新鲜度、高单价、高复购率和强客户黏性的特点，近年来一直是各大平台竞争激烈的领域。随着物联网和大数据技术的应用落地，生鲜农产品网络销售也加快了线上线下融合的脚步，各类创新业态的涌现成为农产品电子商务领域一个引人注目的现象。

根据业务模式，当前我国生鲜电商零售平台主要分为综合平台、垂直平台、O2O等类型。

综合平台的代表性企业包括喵鲜生、京东生鲜、苏宁生鲜、1号店等。该类平台的特点是背靠巨型电商平台，从自营、投资、并购多方发力，借助平台的流量及资源优势不断扩张，其中喵鲜生、京东生鲜还在加大冷链物流网络建设。

垂直平台代表性企业有每日优鲜、易果生鲜、菜管家、本来生活、我买网。经历过市场的洗礼和锤炼，部分头部垂直电商平台已经开始实现盈利，获得市场认可和资本青睐，继续加强自身优势，提升运营的精细化水平。部分平台如易果生鲜加大和阿里巴巴等巨型综合平台的合作力度，借助双方的资源优势获得更大的发展。

O2O模式的代表性企业如多点、爱鲜蜂、沱沱工社等。该模式基本上以满足家庭生鲜购物为主，通常会借助合作伙伴的线下仓储物流优势，提高服务品质和购物体验，配送安全便捷，可满足一定区域内人们对生鲜的需求。

■ 案例

生鲜品牌“绿鲜知”创新生鲜供应模式

北京供给互联网有限公司（以下简称“北京供给互联”）是一家新兴的生鲜供应链服务商，以协同式供应链管理系统为依托，以“互联网+流通”为手段，助力传统批发市场进行智能化升级改造，为生产商和零售商提供信息撮合、担保交易、仓储加工、专业物流等服务，致力于构建智慧的生鲜供应链生态圈。北京供给互联脱胎于北京民营农业巨头——东昇农业科技集团和华北最大的进口水果批发市场——翠鲜缘，已服务于京东7FRESH、盒马鲜生等新业态的零售企业，旗下“绿鲜知”自有果蔬产品品牌在京东等线上平台取得了不俗的销售业绩。可以说，北京供给互联一直是数字农业和供给侧改革政策坚定的践行者。

中国的生鲜农产品市场体量巨大，根据易观的行业预测，到2020年，中国的生鲜市场体量将达到4.5万亿元规模。传统生鲜农产品流通渠道环节长，流通效率低下，从产地到终端消费者手上需要经过七八个环节，漫长的链条还面临着信息不对称、损耗大等诸多问题，国内生鲜农产品流通的损耗高达15%~30%（发达国家只有5%），生鲜农产品的运输成本占总成本的比例高达40%（发达国家只有10%）。同时，我们已经深切地感受到生鲜行业从生产端、流通环节到零售端，正在面临巨变，在供给侧改革政策的指引下，生产端正朝着规模化、标准化、品牌化的方向前进，而仓储物流的智能化升级、互联网技术和模式的不断进入也在催生着流通环节的更新迭代。新零售的提出和实践，更是对这个行业有变革性的意义，也在倒逼上游快速做出改变。北京供给互联旗下的“翠鲜缘”生鲜农产品流通中心和B2B果蔬配送平台正是在这个背景下诞生的，独创的“翠鲜缘模式”（见图5-1），依托“翠鲜缘农产品流通中心”这个中枢，缩减了流通环节，通过统仓统配模式和智能越库分拣实现仓配的集约化管理和产品的快速分销，降本增效；同时翠鲜缘还提供分拣加工、短存仓储、食品安全监测等增值服务，其中分拣加工中心通过标准化小包装产品的加工、包装研发、按需定制实现了对零售端需求的快速响应，为零售商赋能。

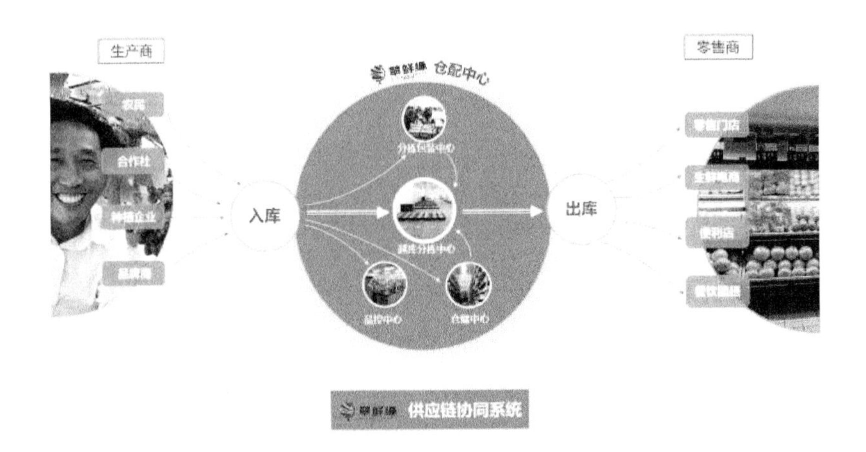

图5-1　翠鲜缘生鲜流通模式

“翠鲜缘协同式供应链管理系统”（见图5-2）是“翠鲜缘模式”的根基，经过三年时间的研发，稳健、柔性化的架构设计为整体业务流程的稳定运行提供了重要的支撑。系统融入了供应链协同的思想，打通了所有业务环节的数据，开放平台实现了和所有第三方、第四方服务商的对接，实现上下游的全方位协同。

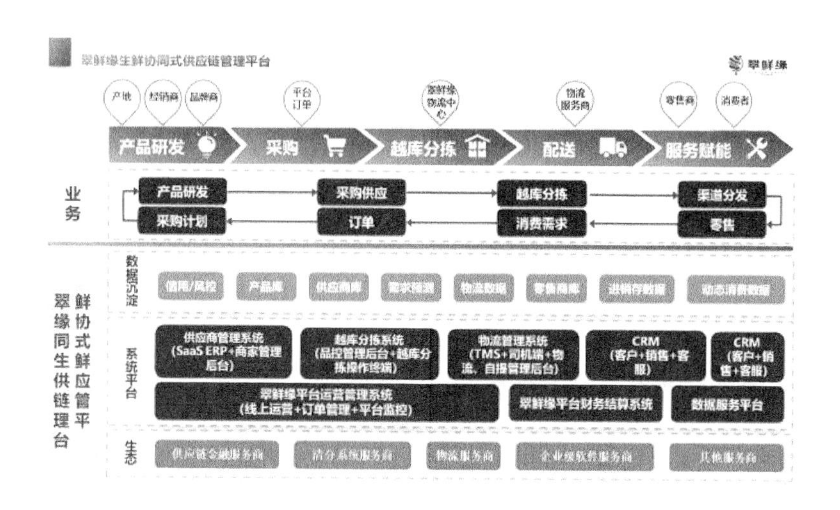

图 5-2　翠鲜缘协同式供应链管理系统架构

传统批发市场以对手交易为主，存在诸多问题：①链条上各环节连接不紧密，关系松散，成员间的合作与信任程度较低，供应链不稳定；②核心企业能力有限，在协调能力、信息化能力、外部竞争能力等方面都还比较欠缺；③信息不对称，信息系统不完备，缺乏一些基础的运营管理系统和信息发布渠道；④客户服务意识不足，供应链最终都应该回归到如何快速响应客户需求的层面上，向客户提供满意的产品和服务，传统批发商普遍存在客户服务意识不足的问题；⑤传统批发商在新形势下面对的更多的是焦虑和无助。当然其中也不乏应变者，翠鲜缘就曾帮助某批发商进行 ERP 实施，深刻地体会到了这个过程的痛苦及传统 ERP 在生鲜行业应用的瓶颈，诸如：功能大而全，学习成本高，操作复杂；基于工作流模型，业务流程内置，灵活度不足，实施和改造成本高；缺乏供应链协同视角，集成化程度低等。这些问题都对传统批发商提出了极大的挑战，最终导致ERP仅仅沦为财务系统，除此之外还需要再招聘录单员，每天接收业务端的纸质单据进行系统录入。这样的ERP系统没有为前端业务提供任何价值，前端业务数据传递不准确的情况仍然存在。基于解决上述痛点的考虑，翠鲜缘生鲜供应链SaaS ERP应运而生。

翠鲜缘生鲜供应链SaaS ERP主要有进销存管理、档口交易、分销监控三大功能模块，增加了多端实时联动的移动开单、客户授信、档口销售绩效管理、档口结账管理、可视化的分销渠道数据监控等特色功能。

翠鲜缘生鲜供应链SaaS ERP以低成本的SaaS模式交付，为传统批发经销商提供企业级的经营管理工具，实现与上下游和第三方服务商的高效协同。针对传统批发商在运营管理流程上的诸多问题，包括前后端业务数据断层、交易成本高、库存管理漏洞多、无授信管理、容易形成呆坏账、业务决策靠经验、运营管理效率低下等，翠鲜缘生鲜供应链SaaS ERP都给出了对应的解决方案。其中非常关键，也是最受关注的，是在批发商与下游销售渠道的供应商协同环节，翠鲜缘生鲜供应链SaaS ERP打通了供应商的实时库存，实现了上下游库存的透明化、一体化管理。

近年来，生鲜电商创新模式不断朝集成化、智能化方向发展，涌现出以盒马鲜生、永辉超级物种、京东7FRESH、美团掌鱼生鲜为代表的“线上+线下+餐饮”融合的生鲜零售新模式。与传统零售的最大区别是，生鲜零售新模式集成了大数据、移动互联、智能物联网、云计算等信息技术，完成人、货、场三者之间的最优化匹配，并能一站式解决购物和餐饮问题，提升了消费者的购物体验。

电商巨头纷纷加入社区生鲜零售新业态，加速了线下线上融合的趋势，充分满足了消费者在多种场景下的消费需求。生鲜新零售在2016年的集中爆发，一方面原因在于人们消费需求的升级，另一方面在于线上流量红利日渐减少，而大数据、物联网和移动支付的逐步成熟也为其提供了技术基础。除了新技术的应用，新模式对资本和供应链提出了更高的要求，以京东7FRESH为例，7FRESH在选品、采购、包装加工以及商品损耗成本控制方面都自带规模化、系统化和协同化的优势。

3. 农产品网络销售不断创新营销模式

互联网为农产品的流通和销售开辟了新的空间，如近两年来火爆和流行的网络直播给农产品销售提供了新思路。一些电商平台也借机开通了直播功能，一时间网络直播销售农产品成为一种风潮，产销热度不断上升。网络直播的实时性、直观性、互动性、趣味性不仅满足了消费者对产品全方位了解的需求，也提高了农产品的人气，扩大了知名度，成为农产品网络销售的崭新模式。

农产品网络直播具有如下优势。

（1）通过视频形式对农产品及其生长环境等场景的全方位展示，有助于拉近买卖双方的心理距离，增进彼此的信任，提升了买方对产品的信心。

（2）直播提供了更充分、更直观的产品体验，如了解农产品的无瑕疵、无农残，从而刺激买家消费。

（3）颜值在线的网络主播在一定程度上能刺激消费者进行消费，而且可以在直播过程中设计一些优惠活动，如限时抢优惠券、红包等，从而活跃场景，让用户更有意愿去消费。

除了直播以外，农户纷纷创新网络营销策略，利用微信公众号、抖音等平台进行营销，为农产品网络销售带来生机，帮助实现农产品的及时销售。

四、农产品电子商务发展存在的问题

1. 我国农产品 B2B 电商平台尚处于起步阶段

我国开展数字农业时间不长，农产品电子商务 B2B 模式尚未形成成熟的模式，相对 2C 端来说，模式创新意识不强，行业集中度不高。我国大多数农产品尚没有完成标准化建设，而且具有容易腐败的特性，所以相对工业用品来说，农产品所需物流体系要求更高。此外，一个完整的交易过程需要包含质检、分级、包装、保鲜、仓储加工等线下服务链条，但我国大多数农产品 B2B 电商平台的功能十分单一，多数只是信息平台、交易平台，缺少完善的线下服务支撑，难以让交易双方形成足够的信任，用户黏性不高。

2. 如何做好上下游产业的协同是一大难题

虽然国内已经存在农业合作社等形式，但大多组织薄弱、制度不完善，大部分农产品仍然由小规模种植户提供。农户与农业合作社、电商平台之间的利益分配机制未能充分而有效地建立。个体农户投机性心理与农产品电商平台投资周期长之间存在矛盾，导致农产品电商和种植基地的合作仅仅是定向采购方式，缺乏上下游战略协同的长期稳定关系。

3. 农产品电商人才缺乏

农产品电商人才整体数量短缺，综合能力不强。具有现代农产品网络营销意识，对农产品电子商务有深入了解，并能够从宏观层面指导电子商务发展从而带动区域经济发展的管理型人才并不多见。

第三节　数字化产品营销——农产品品牌建设

农产品品牌建设是农业领域的重要内容，对促进农业标准化生产、提升农产品的品质和安全性具有重要意义。对消费者来说，大品牌意味着高品质、高安全性，更具有吸引力；对农业生产经营者来说，品牌意味着溢价较高，对品牌的追求可以促进生产者和经营者改善产品品质，从而提升农产品竞争力。因此，推进农产品品牌建设是保护地方优质特色产品的重要抓手。

一、农产品品牌建设存在的问题

我国大多数农产品生产加工企业受制于规模和实力问题，多数盈利能力不强，所加工生产的产品科技含量不高，同国外同类产品相比缺乏竞争力，不足以长久支撑起一个品牌。此外，我国农村经济合作组织发育不成熟、不充分，企农利益分配机制不稳定、不健全，不利于农产品的标准化和规模化加工，影响了农产品品牌建设。

由于我国农业长期以来自给自足的经营方式，很多农业经营企业对品牌的建立、策划和运营缺乏整体和系统的认识，依靠自己有限的感觉来进行，没有借助专业品牌营销团队的意识，其将主要精力放在农产品生产和企业管理上，难以进行有效的品牌管理和市场运作。还有许多中小农业企业对商标和品牌的概念区分不清，认为有了商标就是有了品牌，没有意识到品牌是支撑企业长期发展的重要支撑，最终造成只有名品没有名牌，这在一定程度上导致农产品品牌有效供给不足。

塑造和经营农产品品牌成本较高。和普通农产品相比，品牌农产品所需的生产、包装和运营成本相对较高，而且品牌农产品进入零售终端需要进行质量检测等操作，所有上述费用所需成本都要由经营者来承担，普通的经营者难以承受。同时，由于农业金融供给不足，农业经营者和农业合作社普遍存在贷款难的问题，这在很大程度上限制了农产品品牌的推广和壮大。

二、互联网在农产品品牌建设中的作用分析

（1）互联网对社会生活的渗透度很高，已经成为人们生产生活不可或缺的信息渠道。网络在社会生活的泛在性、网络传播的及时性和开放性，降低了产品品牌传播的成本，提高了传播效率。网站、微博、微信、App 等各类信息传播渠道极大地丰富了品牌的传播渠道，使得传播的便利性大大提升。

（2）消费者行为大数据的分析有助于精确完成产销两端的对接。通过对交易平台上海量消费数据的收集分析，经营者可以充分了解消费者的喜好，更好地安排生产，以满足消费需求；此外，还可以利用消费数据完成产品广告的精准投送。

（3）现代网络技术的集成可以使消费者对农产品的感知更真实、全面和深入。随着 VR、直播等信息技术应用，农业经营者可以创设出形态多样的产品展示场景，通过精美的画面、视频、地图、音乐开启消费者互动式体验，使产品信息变得更加透明，还可以通过消费者对产品质量、外形信息的实时反馈，优化产品品质。

（4）互联网时代“消费者主权”开始崛起。在互联网时代，越来越多的利益相关方进入产品品牌的创建过程中，消费者拥有更多的品牌主权，如消费者从被诉求对象转为互动对象。另外，营销模式的改变也使渠道商成为品牌创建的关键因素。

（5）网络直播的崛起和网络自媒体的发达迅速培育了粉丝经济。许多网红自带话题性，通过不断打造产品的故事性，增强网红和粉丝之间的互动感，利用知名网络 IP 形成话题和内容，引发购买热潮。例如，近几年知

名农产品品牌“褚橙”和“吴酒”，就是以网络明星（网红）为背书，以庞大的粉丝为基础，以社交媒体为主要的品牌创造方式，利用粉丝红利创造出的全新的品牌。

三、互联网+农产品品牌建设的实现方式分析

1. 利用大型电商平台打造品牌

近年来，大型电商平台实力越来越强，规模日益庞大，平台影响力日益增大，基本上形成了“两超多强”的格局。所谓“两超”，是指阿里系和京东系，“多强”则包括苏宁、唯品会等知名平台。广大农产品经营者依靠大型电商平台庞大的流量和影响力，塑造产品品牌，提高产品知名度。大型第三方电商平台，可以有效解决企业所需的流量问题，特别在目前流量稀缺、更多集中在大型平台的情况下，借用第三方平台的流量资源显得尤其重要。近年来，以三只松鼠、艺福堂为代表的一批“淘品牌”飞速增长，创造了农产品网络营销的造富神话。

■ 案例

三只松鼠在发展初期，基本是借助京东、淘宝等大型电商平台实现自己的发展的。其在2014年度、2015年度及2016年度，通过天猫商城实现的销售收入分别占到营业收入的78.55%、75.72%和63.69%。三只松鼠采用的是B2C模式，上线仅仅65天，销售就跃居淘宝天猫坚果行业第一名，2014年“双十一”更是创造了单日销售1.02亿元的成绩，创造了中国农产品电子商务历史上的一个奇迹。

三只松鼠所采取的B2C模式是一种直营的模式。它与沿街店铺的价格一致，但是品质以及品牌却做到更好。在商超定价这个领域，实际上平均销售毛利可以达到60%以上，而三只松鼠2015年的整个销售毛利是30%以上，但是还有5%的净利，所以说流通成本的改变正是能够创造三只松鼠这样一个品牌最大的机会。

截至2016年12月31日，三只松鼠员工人数3026人，完成44亿元的销售业绩，在传统渠道环境下，这是不可想象的。

案例来源：亿欧网。

2. O2O模式

O2O模式即Online to Offline，是消费者在线上完成服务或产品的筛选，在线下完成交易的模式。O2O模式完成了线上线下的融合和互动，同时实体店的消费提升了消费体验，有利于消费者强化购买行为，增加复购率。“褚橙”利用本来生活网迅速爆红，甚至成为现象级网红水果，说明利用O2O模式销售农产品，打造农产品品牌有巨大的发展潜力。

■ 案例

绝味鸭脖通过微信服务号的二次开发，2016年开通了集“会员营销、移动支付和外卖闪电送”三大功能于一体的“绝味官方特惠服务平台”，作为打通绝味O2O生态链的重要枢纽。“绝味官方特惠服务平台”开通仅两个月，注册用户突破300万个，微信文章阅读量7分钟便可达到“10万+”，仅2016年6月一个月，线上平台外卖销售额达到2000万元。绝味鸭脖依托“互联网+”，联动线上营销与线下实体门店，迈入全渠道数字化营销的O2O时代。

案例来源：绝味鸭脖：数字化营销打通O2O生态链，联商网，http://www.linkshop.com.cn/web/Article_News.aspx?ArticleId=366107。

3. 利用社群经济打造小众品牌模式

社群现在特指互联网社群，是一群有共同价值观和亚文化的群体。社群经济发端于互联网自媒体兴起之后，它是基于信任和共识，被某类互联网产品满足需求，由用户自己主导的商业形态，可以获得高价值，降低交易成本。海尔集团董事局主席张瑞敏认为，社群经济就是根据每个人的个性化需求提供场景服务。

互联网社群成员交互方式具有便捷性、及时性、互动性强的优势，在社群庞大粉丝数量带动下，个性化需求规模化有了实现的基础，农产品的生产方式也由大规模生产变成大规模定制。社群具备天然的社交属性，明星和粉丝之间容易形成互信、互赢的良性机制，通过这种机制来强化粉丝经济，实现粉丝与消费之间的价值转换，引发爆点，不失为当前社群经济大行其道的情况下打造农产品品牌的良好方式。

■ 案例

当财经作家吴晓波的公众号粉丝数接近100万人时，很多粉丝在后台为吴晓波频道的未来提出了各种可能性，公众号团队也知道自己走到了一个路口，打算做实物类产品的在线零售。吴晓波租下的千岛湖半岛出产的杨梅，并酿成杨梅酒，由此诞生了

“吴酒”这一品牌。吴晓波也给岛上的杨梅树发起认领活动，认领者花 20000 元即可以获得投资认养权益及其附带福利，12 个小时内 531 棵杨梅树已经完成认领。“吴酒”一开始是人格化品牌，现在成了独立的酒水品牌。“吴酒”创立一年后产生了近 1000 万元的销售额，现在已成为国内杨梅酒第一品牌。

案例来源：从吴酒、褚酒看一瓶酒的名人效应，佳酿网，http://www.jianiang.cn/yanjiu/022464K22016.html。

第四节 互联网+信息服务——互联网土地流转

一、互联网土地流转现状

近年来，随着我国农村产权制度改革的深入推进，农村土地流转（在我国，“土地流转”特指农村土地使用权流转，不涉及农村土地承包权）的步伐逐步加速，土地的规模化经营取得新进展。

随着政策的明朗和各地土地确权相继完成，各地农村土地流转管理服务制度逐步确立，全国已有 20 个省份制定了工商资本租赁农地监管和风险防范制度，各地已设立近 20000 个土地流转服务中心。截至 2017 年 3 月，土地流转面积约为 4.6 亿亩，已占到耕地总面积的 35%左右。并且，这个数字随着农村人口的城镇化还在继续增长。

2008—2009年，我国互联网土地交易平台开始出现，并在2015年后迅速增长。地合网、土流网等是“互联网+”土地流转平台的代表。网络平台通过提供土地流转信息服务、土地流转交易服务、土地价值评估服务、土地金融及借贷服务等线上线下服务，为土地流转打开了新渠道。

截至目前，国内土地流转电商大约有10家，其中，搜土地、土地资源网（地合网）、土流网、神州土地、聚土网和来买地等平台已经形成了一定规模和影响力。其中，2009年上线运营的土流网是目前规模最大的行业龙头电商企业。

根据土流网监测数据显示，流转市场上的土地类型呈现多种类型共同推进的态势，其中耕地流转占据主导地位，农用地流转去向以农业种养殖为主，占到一半以上。

二、发展农村土地流转的意义

1. 为农业规模化经营开辟了道路

从发达国家的农业现代化经验来看，土地规模化经营是农业发展的大方向。我国传统农业经营受制于制度影响，普遍规模较小，效益低下，“互联网+”土地流转开辟了土地流转新路径，充分发挥了农村闲置土地资源的利用价值。

2. 保障农民财产权益的实现

土地是农业最重要的生产要素之一，在市场经济中，生产要素必须是流动的，这同时也是实现农民的土地权益的重要方式。建立农村集体建设用地的流转机制，可以使农民更充分地参与分享城市化、工业化的成果，显化集体土地资产价值，促进农民获得财产性增收。

3. 土地流转为“三农”金融服务打开突破口

当前农村金融服务严重滞后，土地流转的推行加速完成了农村金融及农村土地的资本化与市场化，为金融机构支持“三农”创造良好的金融生态环境。

三、互联网土地流转模式解读

国内的土地流转电子交易平台主要分为两类，即加盟模式和“直营+众包”模式。加盟模式是当前各大平台主流的模式，代表性的企业包括土流网、地合网等；“直营+众包”模式以聚土网为典型代表。

加盟模式下，平台总部的盈利方式主要是靠收取加盟费、中介费、金融服务费等手段，通常加盟商掌握的资料信息及人脉资源是达成土地交易的主要渠道，获利手段主要是通过收取会员费、登记备案服务费、下级加盟费、看地费，获取土地流转差价等。

“自营+众包”模式下，平台不收取加盟费，通过分布在各地的土地经纪人提供标准化服务。其主要靠收取交易佣金的方式盈利，此外也收取权证、法务等交易服务费和土地金融服务费。

加盟模式的优势在于可以迅速扩大规模并通过收取加盟费快速获得资金；劣势在于加盟商的服务质量不好把握，各加盟商提供的服务良莠不一，提供的土地资源缺乏保障，容易引发纠纷。“自营+众包”模式可以确保服务的规范性和标准化，但是投入成本较高。

四、互联网土地流转主要平台特点分析

土流网：首创了与银行、保险公司三方合作的农村土地金融模式，有助于降低农村贷款存在的风险。

聚土网：开通了土地托管和土地金融等多种类型服务。通过平台积累的海量的挂牌交易土地信息、用户信息和交易数据，延伸出订单农业等附加业务。

地合网：买家可以在线了解服务内容和标准定价，提升了服务透明化、规范化、标准化水平。

神州土地网：建立了县级农村综合产权交易平台，为农村产权流转交易中心开展了一系列综合服务。

五、农村土地流转面临的问题

首先，土地流转过程的服务规范问题有待解决。当前，有关土地流转相关制度及配套政策的适用标准还未出台，在流转过程中由于缺乏标准带来的不规范现象容易产生纠纷，加之许多农民欠缺法律知识，土地租赁方与承租方在利益分配方面不易达成一致，后期出现问题之后，解决起来较为麻烦。

其次，由于当前许多青壮年外出务工，在乡村留守农民中有相当大一部分人认识受限，甚至不知土地流转为何物，另外消息闭塞导致供需信息不对称。还有一部分农民观念保守，对互联网+土地流转这类新事物非常陌生，往往抱有怀疑的态度，很多农民更倾向于把闲置的土地交给亲戚经营，而不考虑借助互联网平台这种形式，交易对象获取困难。

第五节 互联网+乡村旅游

一、“互联网+乡村旅游”的背景和发展现状

近年来，乡村旅游规模快速扩大，但许多乡村旅游地区仍面临着乡村和城市信息不对称、供应能力和需求期望不匹配等问题。具体来看，乡村旅游瓶颈主要体现在以下三点：旅游价格缺乏市场导向；配套设施限制目标游客群体扩大；服务质量、营销手段、管理方式难以跟上高速增长的游客数量。

2015 年，我国乡村旅游游客数量达到全部游客数量的 1/3，乡村旅游的价值被重新定义和发现。在总体上，乡村旅游的发展仍然受到基础环境、农村经济、配套设施等客观因素的限制，且农家乐、采摘式的乡村旅游形式的吸引力逐渐下降。通过互联网更好地发挥乡村自然资源、人文资源方面的优势和吸引力，通过互联网平衡乡村与城市间的信息，以及利用互联网对接乡村供应能力和消费者需求期望至关重要。

1. 政策背景

为了使互联网赋能乡村旅游，“互联网+乡村旅游”相关政策正逐步完善，且有效融合成果逐步显现（见表 5-1）。2015 年，国务院办公厅发布《国务院办公厅关于进一步促进旅游投资和消费的若干意见》，同年国家旅游局推出《国家旅游局关于实施“旅游+互联网”行动计划的通知》，从

此我国乡村旅游产业发展速度从稳定增长转变为高速增长，2015 年乡村旅游接待人数较 2014 年约增加 1 倍，收入约增加 30%。2017 年 7 月国家发展改革委等 14 个部门联合印发了《促进乡村旅游发展提质升级行动方案》以来，我国休闲农业与乡村旅游行业市场规模继续保持快速发展的趋势。2016 年，全国有 10 万个村开展休闲农业与乡村旅游活动，休闲农业与乡村旅游经营单位达 290 万家，其中农家乐超过 200 万家。到 2017 年，初步统计全国农家乐数量达到 220 万家。截至 2020 年 9 月底，农业农村部已分 11 批推介了 1216 个中国美丽休闲乡村。

表 5-1 “互联网+乡村旅游”相关政策

政策文件	发布机构	主要内容
2015 年《国务院办公厅关于进一步促进旅游投资和消费的若干意见》	国务院办公厅	到 2020 年，全国 4A 级以上景区和智慧乡村旅游试点单位实现免费无线局域网、智能导游、电子讲解、在线预订、信息推送等功能全覆盖，在全国打造 1 万家智慧景区和智慧旅游乡村
2015 年《国家旅游局关于实施“旅游+互联网”行动计划的通知》	国家旅游局	支持社会资本和企业发展乡村旅游电子商务平台，推动更多优质农副土特产品实现电子商务平台交易。支持有条件的地方通过乡村旅游 App、微信等网络新媒体手段宣传推广乡村旅游特色产品。鼓励各地建设一体化智慧旅游乡村服务平台。支持有条件的贫困村发展成为智慧旅游示范村
2016 年《乡村旅游扶贫工程行动方案》	国家旅游局等 12 个部门	科学编制乡村旅游扶贫规划，加强旅游基础设施建设，大力开发乡村旅游产品，加强旅游宣传营销，加强乡村旅游扶贫人才培训
2016 年《关于实施旅游休闲重大工程的通知》	国家发展改革委、国家旅游局	到 2020 年，依托旅游休闲重大工程的实施，基本建立与大众旅游时代相匹配的基础完善、城乡一体、结构优化、供需合理、机制科学、规范有序的现代旅游业发展格局

续表

政策文件	发布机构	主要内容
2017 年《关于促进交通运输与旅游融合发展的若干意见》	交通运输部等 6 个部门	完善旅游交通的基础设施网络，进一步健全交通设施旅游服务功能，重点推进旅游交通产品的创新，提升旅游运输服务的质量
2018 年《关于支持深度贫困地区旅游扶贫行动方案》	国家旅游局、国务院扶贫办	到 2020 年，“三区三州”等深度贫困地区旅游扶贫规划水平明显提升，基础设施和公共服务设施明显改善，乡村旅游扶贫减贫措施更加有力，乡村旅游扶贫人才培训质量明显提高，特色旅游产品品质明显提升，乡村旅游品牌得到有效推广，旅游综合效益持续增长，旅游扶贫成果显著
2018 年《促进乡村旅游发展提质升级行动方案（2018—2020 年）》	国家发改委等 13 个部门	推动东部地区与中部和东北适应发展乡村旅游的地区结队帮扶，鼓励各地采取政府购买等方式，组织本地从业人员就近参加乡村旅游食宿服务、运营管理、市场营销等技能培训

2. 发展现状

互联网旅游的迅猛发展正在颠覆传统旅游业的格局，中国在线度假旅游市场发展迅速，成为提升旅游产业升级的关键。在线上旅游的带动下，乡村旅游产业也逐年扩大。在线上乡村旅游方面，主要以自然风光、风俗文化以及传统美食为基础，附近城市居民为主要客源，互联网的发展成为消费者和消费平台间的主要渠道。

3. 规模现状

从乡村旅游人数来看，在互联网为乡村旅游打开线上渠道后，2012—2018 年我国休闲农业与乡村旅游人数不断增加，从 2012 年的 7.2 亿人次增至 2018 年的 30 亿人次，年均复合增长率高达 26.9%，增长十分迅速（见图 5-3）。“互联网+乡村旅游”成为乡村产业的新亮点。

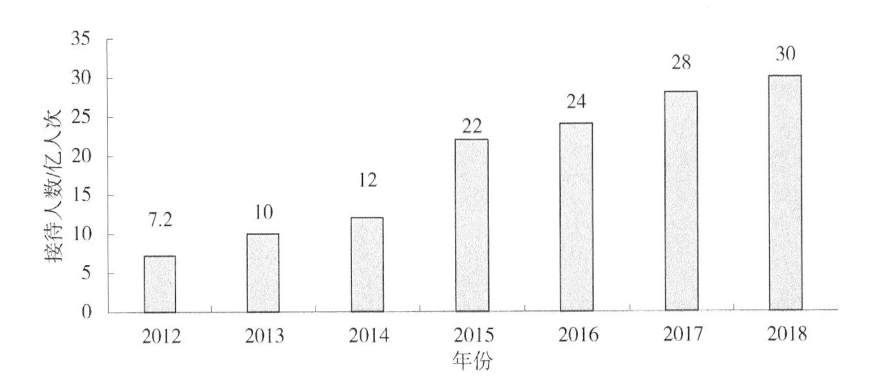

图 5-3　中国休闲农业与乡村旅游接待人数

数据来源：《2019—2024 年中国乡村旅游市场前景及投资机会研究报告》。

在互联网的推动下，乡村旅游从业人数逐年增长。据前瞻产业研究院数据显示，2015—2017 年，在政策的扶持以及庞大的市场需求下，我国乡村旅游从业人数不断增加（见图 5-4）。2017 年，我国休闲农业和乡村旅游从业人员有 900 万人，同时带动 700 万户农民受益，已成为农村产业融合主体。互联网不仅推动了乡村旅游产业，而且造福了农村贫困人口，也丰富了城市居民的业余生活。

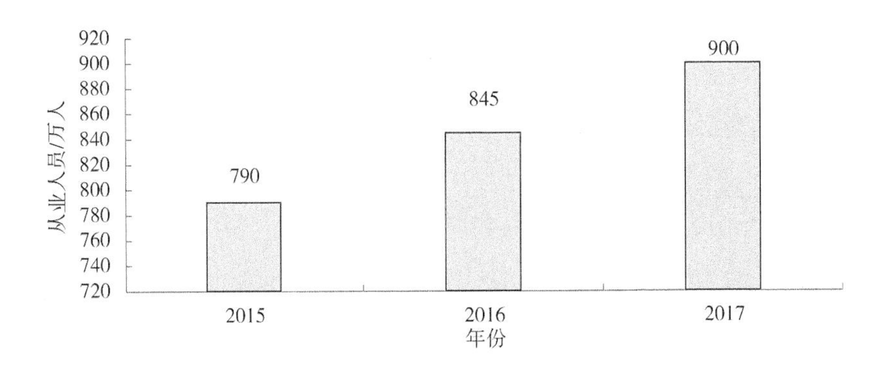

图 5-4　2015—2017 年中国休闲农业和乡村旅游从业人员统计情况

数据来源：《2019—2024 年中国乡村旅游市场前景及投资机会研究报告》。

随着数字化与乡村旅游的深度融合，乡村旅游收入不断增长且增长速度也逐年加快。前瞻产业研究院发布的《中国休闲农业与乡村旅游市场前瞻与投资战略规划分析报告》统计数据显示：2018 年我国休闲农业与乡村旅游营业总收入超 8600 亿元，占国内旅游总收入的 16.2%；营收在2012—2014 年处于相对稳定状态，在中央支持文件发布后，乡村旅游总营收从 2015 年开始高速增长，在 2018 年超过 8600 亿元，并有希望高速持续增长（见图 5-5）。

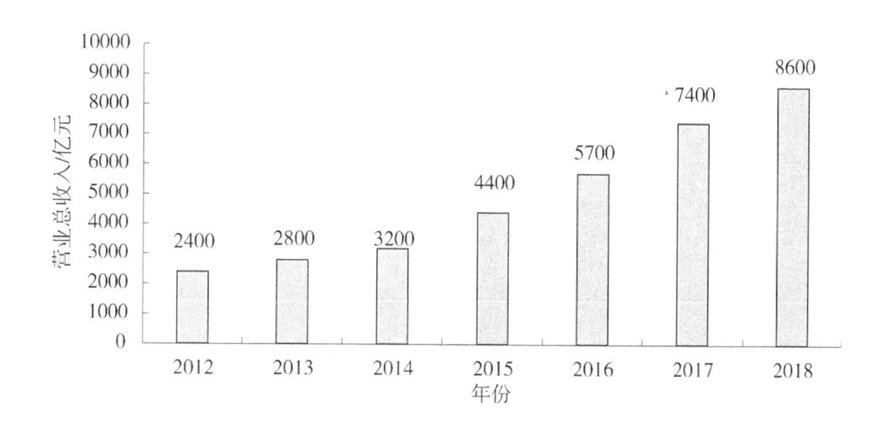

图 5-5　中国休闲农业与乡村旅游营业总收入

数据来源：《中国休闲农业与乡村旅游市场前瞻与投资战略规划分析报告》。

4. 主要参与者

乡村旅游的发展也吸引了大批互联网企业参与发展线上乡村旅游。飞猪、马蜂窝、爱彼迎、小猪短租、携程等互联网企业均推出乡村振兴相关项目，互联网企业将乡村的生活与当地的饮食、交通、特色产品整个产业链连起来，从民宿入手，展示出丰富多彩的乡村生活，通过互联网渠道助力乡村振兴和乡村扶贫事业。

■ 案例

2018 年 7 月 11 日，一线旅游公司携程在携程旅行 App 首页正式上线“寻找美丽乡村”专题频道，面向全网游客推广扶贫旅游目的地和乡村旅游产品。“寻找美丽乡村”项目在为旅游者提供优质旅游体验的同时，支持偏远地区乡村振兴及乡村旅游等国家重点项目，助力以乡村旅游目的地实现乡村振兴的发展战略，同时，开启乡村智慧旅游新模式。

“寻找美丽乡村”扶贫专题由携程目的地营销发起和运营，通过乡村目的地、乡村主题游、寻味乡村、线路推荐等板块深入挖掘乡村旅游的潜力，为全国众多经典乡村旅游目的地提供以旅游振兴乡村经济，带动目的地乡村旅游及各产业的发展。未来，携程“寻找美丽乡村”专题还将不断向中国三四线地区、中西部、边远农村渗透，逐渐实现以旅游振兴乡村经济（见图 5-6）。

除了“寻找美丽乡村”专题活动外，携程也与交通运输部联合启动“交通公益+旅游扶贫”项目，双方在活动中发布了全国首批 100 条扶贫旅游线路，覆盖了国内近 20 个省份，通过跟团游、自由行、定制游、一日游、门票玩乐等业务，计划组织服务超过 1000 万旅游者赴二、三、四线地区旅游，带动贫困地区经济发展。

图 5-6　“寻找美丽乡村”专题

二、“互联网+乡村旅游”模式分析

“互联网+乡村旅游”的核心是以乡村旅游为主导，互联网作为引流渠道和升级方式。在乡村旅游方面，从发展模式来看可以分为乡村旅游、乡村休闲、乡村度假以及乡村综合体；从核心内容来看，乡村旅游的优势在自然资源、人文历史资源以及特色产品资源方面。结合乡村旅游的发展模式和核心内容，互联网的主要作用是推动乡村旅游在营销、品牌、宣传方面的变革，从而与乡村旅游主要模式有效融合，帮助乡村快速从乡村旅游1.0模式升级为田园综合体4.0模式。

1. 模式发展阶段分析

近年来，随着乡村旅游的模式更新，田园综合体成为“互联网+乡村旅游”的关键，为乡村振兴、乡村扶贫开创了一条新道路。例如，浙江莫干山、陕西袁家村等，通过构建多维体验的体系化产业链，利用互联网，为村民和广大游客创造价值。

随着互联网经济时代的到来，国家对乡村旅游和乡村振兴方面提出了更高的要求。在此背景下，田园综合体赋予传统农业更高的要求，同时也承担了更多功能，它以“田园”为核心，以“资源优势”作为核心竞争力，通过“互联网渠道”传播，实现更为丰富的“互联网+乡村旅游”生态和一、二、三产业的融合，为贫困地区创造更多的就业机会，提供脱贫的新思路（见表5-2）。

表5-2 “互联网+乡村旅游”的发展阶段

发展模式	1.0模式	2.0模式	3.0模式	4.0模式
发展定位	乡村旅游	乡村休闲	乡村度假	田园综合体
核心吸引	农家乐	一村一品	乡村酒店	场景化综合体验
配套体验	单一体验	单一体验	单一体验	多维体验

数据来源：张红娟，“田园综合体”模式对乡村旅游发展的借鉴与思考：以陕西袁家村为例。

2. 模式内容分析——自然资源优势

在依托自然资源的模式发展中，环城市乡村旅游发展模式、自然景区依托型模式和特色庄园体验模式为主要乡村旅游模式。

环城市乡村旅游发展模式和景区周边乡村旅游发展模式是乡村旅游的主要模式。环城市乡村旅游发展模式脱胎于“环城游憩带”理论。根据环城游憩带理论，旅游将渐渐成为环城市乡村的主要功能之一，依托于城市的区位优势、市场优势，在环城市区域已经发展形成一批规模较大、发展较好的环城市乡村旅游圈，为城市居民提供乡间乐趣。

成熟景区巨大的地核吸引力为区域旅游在资源和市场方面带来发展契机，周边的乡村地区借助这一优势，往往成为乡村旅游优先发展区。鉴于在景区周边乡村发展旅游业时受景区影响较大，我们将此类旅游发展归类为景区依托型。

特色乡村庄园模式则以产业化程度极高的优势农业为依托，通过拓展农业观光、休闲、度假和体验等功能，开发“农业+旅游”产品组合，带动农副产品加工、餐饮服务等相关产业发展，促使农业向二、三产业延伸，实现农业与旅游业的协同发展。

特色庄园模式适用于农业产业规模效益显著的地区，以特色农业的大地景观作为旅游吸引物，开发观光、休闲、体验等旅游产品，带动餐饮、住宿、购物、娱乐等产业延伸，产生强大的产业经济协同效益。

3. 模式内容分析——人文资源优势

在依托人文资源的模式发展中，主要模式可分为“古村古镇+乡村旅游”“特色文化+乡村旅游”和“民间艺术+乡村旅游”。

从“古村古镇+乡村旅游”发展模式近期的发展中可以看出，古村古镇旅游是当前国内旅游开发的一个热点，也是乡村旅游体系中一个比较独特的类型，以其深厚的文化底蕴、淳朴的民风和古香古色的建筑遗迹等特点受到游客的喜爱。

从“特色文化+乡村旅游”发展模式来分析，我国是多民族的国家，不同地区民族、民俗、民风千差万别，这些不同的文化特征吸引着来自世界各地的游客。在互联网推动的文化大融合背景下，与统一的现代中国城市文化不同的乡村文化、民族文化、民俗文化都是乡村旅游中的重要特色。

在“民间艺术+乡村旅游”发展模式中，民间艺术是区域大众生活的体现和特征，主要包括微雕、陶瓷、布艺、木艺、果核雕刻、刺绣、毛绒、皮影、泥塑、紫砂、蜡艺、文房四宝、书画、铜艺、装饰品、漆器等，代表了一个民族和地方的文化特征，具有区域的独特性。民间艺术具有非常独特的区域性，正逐渐成为乡村文化创意旅游的一个重要方面，通过传统艺术创新，不仅丰富了乡村旅游体验，更加强化了旅游目的地的品牌形象。

4. 模式渠道分析

随着互联网的繁荣发展，社区论坛（自驾游、本地生活）、短视频、信息流、口碑营销、新媒体、自媒体、社群推广等互联网方案给乡村旅游营销推广和品牌打造带来了广阔的空间，拓宽了传统线下宣传为主的宣传渠道，开拓了线上宣传的新模式，为打通各个层级市场创造了新思路。

■ 案例

浙江省松阳县地处浙江省丽水市，交通很不方便，正因如此，松阳县的自然环境得到了很好的保护，仅是保存完好的国家级传统村落就超过了50个，这在经济发达地区是不可想象的。现在，随着自媒体的迅速传播，松阳县成为全国有名的摄影写生基地，每年来松阳写生的学生和摄影爱好者超过50万人，松阳也成为户外运动爱好者和骑行一族的旅行天堂。

案例来源：亿欧网，https://www.iyiou.com/p/41200.html。

■ 案例

高平市的“千年古村”良户，之前由于经济原因没有进行“新农村改造”，反而使大量的明清古院落得以保存，也正因如此，良户古村被评为中国历史文化名村和国家级传统村落，为今天的乡村旅游发展提供了基础。而在发展乡村旅游中，良户古村高度重视互联网的作用，建设专用信号塔，铺设千兆光纤，全村实现了无线网络全覆盖。同时建设了公司网站、微信平台、微网店等，在宣传中以网络自媒体作为主要手段，仅2015年元宵灯会半个月就涌来游客10万人。

案例来源：亿欧网，https://www.iyiou.com/p/41200.html。

三、“互联网+乡村旅游”案例

互联网的出现，特别是移动互联网的全面普及，使乡村在经济发展和城市信息严重不对称的局面有了很大的改观。在乡村旅游的不同模式基础上，拓展互联网渠道，推行政策支持，对发展乡村旅游、有机农业、民宿客栈、手工艺品等业态有很大帮助。在互联网模式推动下，乡村地区经济发展水平将有可能超过过度透支环境的先进地区，实现乡村地区高速发展。

■ 案例

2006年前，地处陕西关中平原腹地礼泉县的袁家村，是一个只有62户人家的小乡村，虽然距离著名的唐昭陵（唐太宗李世民的陵墓）仅4千米，坐享旅游区位便利，但乡村旅游几乎为零。仅仅过了10年，袁家村就成为陕西省乃至全国最受欢迎的乡村旅游胜地，被誉为“关中第一村”，无论在旅游知名度、影响力还是在旅游接待人次和旅游收入上，都远超唐昭陵景区。袁家村一跃成为中国乡村旅游现象级的“网红”。

自2007年开发建设以来，袁家村的知名度和旅游人数呈逐年上升趋势。2013年仅国庆“黄金周”袁家村就接待游客54.6万人次（堪比秦始皇兵马俑博物馆），旅游收入达3276万元；2014年春节7天，袁家村共计接待游客50万人次，仅2月3日一天就接待游客12万人次（咸阳文物旅游局统计）。此外，袁家村的综合旅游收入从2011年的3600万元增长到2013年过亿元。且在2012年人均收入达到35000元，这是陕西省农民人均纯收入的6倍多。

袁家村持续发展的精髓是不断创新产业形态。在村干部的带动下，袁家村先是建起农民个体经营的“农家乐”，后来又建了特色小吃街，引来特色餐饮、旅游商品等资源，大力发展旅游文化、健康养生、艺术创意、绿色农业等新兴产业，再现了古代民居、传统手工作坊和民间演艺小吃等关中民俗的历史原貌，提升了乡村旅游层次。随后又发展酒店住宿、酒吧等夜间经济，还通过成立股份公司、群众入股的方式，实现“全民参与、共同富裕”。

袁家村的发展也少不了互联网与乡村旅游结合的贡献。互联网公司“线上”的运营和盈利模式，在袁家村和马嵬驿“线下”得到了广泛应用。袁家村和马嵬驿的“游”免费，但吃、住、行、购、娱等各种服务都还是要收费的。袁家村和马嵬驿都有上百家美食小吃店，品种繁多，绝不重样。在住的服务方面，袁家村中既有村民依托自家房屋开的民宿，统一名称为“休闲农家”，每晚住宿价格从几十元到一两百元不等；也有由外来投资者兴建的生活客栈、左右客主题酒店等文化主题精品酒店，每晚房价达到七八百元乃至数千元，但一到节假日依然一房难求。近年来，袁家村还陆续推出了骑马、射箭、酒吧等多种娱乐项目，满足游客多样化的娱乐需求。在马嵬驿，除了免费的文化演出等娱乐项目外，还有专门针对儿童的小型游乐场和鸵鸟场以及针对年轻人的马场和驿家酒吧，这些收费娱乐项目受到了儿童和年轻人的欢迎，吸引他们延长了停留时间。

此外，袁家村实现了网络覆盖和电子支付。面对互联网时代游客对网络和移动支付的强烈需求，袁家村已经实现了全村 Wi-Fi 全覆盖、4G 网络全覆盖，并吸引阿里巴巴在此投资设点。马嵬驿已经是“陕西省金融 IC 卡示范景区”，这在全国乡村旅游景区中独树一帜。

案例来源：任国才，杨忠武. 当乡村旅游邂逅互联网 [J]. 小康，2016 (10)：76-79.

四、"互联网+乡村旅游"面临的问题

1. 网络信息化管理落后

互联网平台发展速度快，消费者希望通过各类互联网平台能获取更多优质化的旅游服务，但乡村经营人员互联网意识较为落后，对网络技术应用不全面，是乡村旅游建设发展的难题。

2. 产品同质化

大部分"互联网+乡村旅游"发展模式存在雷同现状，各类产品单一化较为严重，季节性、潮流性明显，未能从自身发展现状出发，不能通过自身发展优势全面发展。乡村旅游虽已有快速增长的营收和消费者数量，但持续快速的增长需要成熟的商业模式和多元化、高质量的乡村旅游内容。

多地乡村旅游现仍存在业务单一的现象，如鲜果采摘、农事活动体验等。在互联网平台的发展中，乡村旅游如何在单一化发展的模式基础上多样化，如何在季节性波动较大的情况下保持服务及产品质量，如何在营收波动较大的情况下建立稳定的商业模式是当前乡村旅游模式发展的难点。

3. 运营模式单一

在"互联网+"的时代背景下，乡村旅游的营销渠道存在单一性问题，且宣传力度远远不及城市娱乐项目。乡村旅游经营渠道仍以现场售卖乡村产品、商品为主，经营方式单一且传统。

乡村旅游营销模式应努力实现"线上线下"互动营销、融合营销、精

准营销，在做好线下营销的同时，也应加大线上营销的力度。做好网站建设、微信、微博、微商、团购等多种互联网营销模式。

4. 乡村旅游缺乏专业人才

在互联网人才、农业专家人才以及旅游管理人才相对缺乏的情况下，乡村旅游的主要从业人员以当地农民为主。由于诸多乡村旅游管理人员自身就缺乏完善的互联网技术与知识，加上互联网专业化人才补充不足，更加阻碍了新时期乡村旅游与互联网的有效融合。诸多旅游管理人员以及从业人员自身文化素质有待提升，所提供的各项服务不能满足游客多样化的服务要求。因此，乡村旅游快速发展与服务和技术之间存在诸多矛盾，乡村旅游发展缓慢，各项服务质量较低，对我国多个地区乡村旅游业全面发展具有较大的限制作用。如何引入部分互联网人才、农业专家人才和旅游管理人才，是乡村旅游人才方面的难点。

第六节　数字化乡村政务

一、数字化乡村政务背景

2016 年，李克强总理在《政府工作报告》中首次提出要大力推行“互联网+政务服务”。同年，国务院发布《关于加快推进“互联网+政务服务”工作的指导意见》，国务院办公厅印发《“互联网+政务服务”技术体系建设指南》。在一系列中央文件出台后，各个地区网上政务服务平台开始大力建设。自试点工作展开以来，浙江、贵州都取得了不错的成绩。我国“互联网+乡村政务”模式形态已初步完成。

数字化乡村政务的政策关系到当前乡村的基层矛盾问题、乡村经济发展问题和社会稳定问题。为了改善现有的乡村矛盾，针对乡村文化建设相对弱势的现象，乡村地方政府可以借助信息化平台进行探索，建设符合地方村民需要的信息化服务平台。以建设政务信息公开平台为例，过去，乡村信息传播依靠的是村村通广播系统，或通过村口宣传栏进行村务公开和管理，传播效率低；现在，智能手机的广泛普及，使得村务公开、政务公开和党务公开等高效率信息传播渠道成为可能。除了政务公开以外，农村集体“三资”信息化监管平台，即将农村集体财务预算、收入、开支、资源登记等信息公开，也可以实现信息透明，解决乡村地区基层矛盾。

现在，数字化红利从城市向乡村不断渗透，乡村政务互联网平台成为帮助乡村人民认识互联网、适应互联网的方式，且能让互联网赋能乡村经济，服务于乡村人民，从而形成正向循环的渠道。通过“互联网+乡村政务”平台渠道，可以从高效平衡不对称信息、匹配不均匀资源等方面改善村民们的实际生活，为乡村振兴夯实基础。

■ 案例

2018年3月底，江苏省推出农村承包土地经营权转让交易价格指数，在全国首次以省为单位发布这一类型价格指数，让土地流转双方有了心理价位。该指数是反映农村不同类型土地交易价格随着时间变化的趋势以及幅度的相对数。

团结村会计李秀芹说，有了交易价格指数后，村里参照2017年第二季度的耕地流转价格917.4元/亩以及同比价格指数，再综合2018年取消粮食保护价及粮价下行等各种因素，才有了最后的底价。参考江苏省2018年3月29日发布的农村承包土地经营权转让交易价格指数，4月3日江苏省金湖县银涂镇团结村五组依靠平台公开数据，将335亩土地流转标出900元/亩的底价。

据了解，此次发布的江苏省农村承包土地经营权转让交易价格指数，主要是南京等9个设区市和部分县（市、区）的农村承包土地经营权转让交易综合指数以及农村耕地经营权、农村养殖水面经营权、“四荒”地使用权3种转让交易价格指数。

江苏全省已有101个县（市、区）、1199个乡镇（涉农街道）进场交易。自2015年2月全省农村产权交易信息服务平台运行以来，累计交易项目数10.4万笔、成交金额377亿元、流转土地513万亩，项目平均溢价率3.7%，集体和农民资产在交易中累计增值增收14亿元。

“江苏农村产权交易信息服务平台在运行过程中汇聚了大量数据，有效开发利用这些大数据成为进一步发挥市场功能的重要路径。”赵旻说，所有指数都依据2015年第四季度以来在该信息服务平台进行交易的土地价格，并按季度进行编制。大数据时代，价格指数的推出是对全省农村产权交易数据的有效利用。

案例来源：《人民日报》。

■ 案例

在重庆市荣昌区吴家镇，患有脑萎缩的唐树芳现在可以“足不出镇，也能享受专家‘就近’坐诊”。近年来，吴家镇中心卫生院配置了远程影像会诊平台，类似唐树芳这样的患者，可以通过系统，与上级医院专家实时连线，实现科学诊治。

“依托临床影像、心电查阅等信息平台，荣昌区级医疗资源可辐射到乡镇，不少多发病、常见病在基层都能获得诊疗。”吴家镇中心卫生院院长易强介绍说。

过去，由于医疗资源分布不均，医疗服务“薄弱在基层，短板在农村”，这样既使“大医院人满为患、基层医疗机构门可罗雀”，又加重了群众“看病难、看病贵”问题。为此，重庆市有针对性谋划医疗“强基层”，加强乡镇卫生院、村卫生室投入，让农村患者在30分钟内就能到达最近的医疗卫生服务点，逐步补齐基层基本医疗卫生短板。

武陵山区的彭水县，近年来组建了乡镇卫生院医院集团，累计投入资金近3亿元，改扩建乡镇（社区）卫生院40所，彩超、全自动生化分析仪等设备在乡镇卫生院实现全覆盖。在“互联网+”的帮助下，农村基层医疗能力提升，带来的是群众就医选择的变化。在彭水县，门急诊、住院患者留在乡镇基层医疗机构就医的比例已连续多年超过72%。

案例来源：新华网。

二、数字化乡村政务功能分类

"互联网+"渐渐突破城乡间隔，使乡村政务所面对的使用者越来越多，《中国互联网发展报告2019》显示，截至2019年6月，我国农村网民规模达2.25亿人，占网民总数的26.3%，较2018年年底增长305万人，半年增长率为1.4%。随着乡村网民的基数扩大，规模化实现"互联网+乡村政务"成为社会发展的必经之路。在乡村政务系统的发展过程中，优化村民们的办事流程，规范乡村政府工作流程，服务村民农事相关需求，成为电子乡村政务的主要发展方向。

1. 农村政务管理功能

数字化乡村政务可实现农村政务管理功能。通过建立面向基层的农村政务管理系统，能够做到市、镇、村三级联网，综合农业生产、农村人口、村务、经济等相关数据，实现农村财务、民主选举、固定资产、土地承包、计划生育等信息的公开，为保证广大农民的知情权建立信息通道。例如，广西港南市，通过建设"互联网+"政务服务，使得村民办事效率有所提高，政府工作成本下降，且加快了政府职能的转变。

2. 重大自然灾害与疫情监测功能

数字化乡村政务可实现重大自然灾害与疫情的监管和播报的作用。通过建设农村自然灾害与疫情监测信息系统和播报系统，提高农村应对自然灾害和疫情的能力。加强农村重大自然灾害应急预警系统的建设，要充分利用"互联网+"和乡村地方政府，提高管理部门对危险源信息的收集、处理、传输、传播能力；同时，提高自然环境信息的综合利用率，加快相关救援部门协调、指挥、调度，提升共同应对自然灾害的能力；另外，强化有效监控的力度，准备好为自然灾害发生后做出准确的现场指挥决策提供可靠的技术支撑和保障。自然灾害与疫情播报的功能目标是对农村重大疫病迅速反应与及时扑灭，有效控制农村重大疫病，确保农村居民的安全，确保农产品损失最低。

3. 农产品电子商务功能

数字化乡村政务具有帮助农产品电子商务实现数字化的作用。农村电子商务政务的功能目标是以信息技术和互联网为支撑，将现代商务手段引入农产品生产经营、农资商贸流通、农业旅游营销等农村经济发展等主要方面，保证这些农业资源的信息收集与处理有效畅通。该功能不仅为广大农民提供更好的品牌宣传渠道，同时也为城市消费者提供物美价廉的农产品货源。

4. 农产品市场信息化功能

数字化乡村政务具有帮助农产品流通实现信息化的作用。据调查，我国农民在农产品销售中通过商贩销售仍占主导地位，约占70.0%，直接到市场销售的约占18.5%，而通过协会、经纪人及订单销售的所占比例很小。由于市场信息不对称，农民难以按市场的要求组织生产，难以实现规模化经营，农产品得不到及时转化增值，农民在销售过程中的谈判议价能力、对市场行情信息的把握能力、对农产品销售的组织能力十分有限，因而农产品难卖及增产不增收现象仍较为严重。建设社会主义新农村，必须重视推进农产品市场信息化、数字化的政务功能。随着互联网发展在农村地区的深入，以及农村市场化水平的进一步提高，农产品的流通量会成倍增加，因此，政务功能中的农产品市场板块建设至关重要。

5. 教育数字化功能

数字化乡村政务也有平衡乡村教育资源的作用。该模块要整合现有的农村远程教育资源，通过互联网和通信设施等信息传播渠道，广泛开展农村中小学现代远程教育工程建设。通过建立现代化的教育资源传输系统，使优质教育资源走向农村。同时，该功能可以进一步加强农村文化设施建设，实施文化信息资源共享工程，实现具有轻量级、易使用、资源丰富等特点的乡村政务线上功能。

三、数字化乡村政务地方案例

■ 案例

2016年夏收期间，安徽省怀远县遭遇连阴雨天气，南部乡镇雨量大，麦田积水较多，小麦抢收时间紧、任务重，怀远县农机部门发挥“农机直通车”等信息平台优势，加大对天气形势、机械需求、作业时间、作业价格、机收进度等动态信息的发布力度，科学调度收割机，引导作业机具有序流动，成功打赢了一场小麦抢收“硬仗”，实现了夏粮颗粒归仓。

“农机直通车”平台自2014年上线以来，采取“先试点，后全国”的推广模式，不断修改完善相关功能，提升用户体验效果，形成“口碑相传，自主使用”氛围。“农机直通车”平台使用范围基本覆盖全国，有力打破了区域农机化生产信息平台的服务壁垒，有效促进了跨区机具的有序流动。

“农机直通车”平台极大地方便了主管部门及时掌握、了解农机化生产进度。现在，基层农机管理人员可通过“农机直通车（管理版）”手机客户端，在生产现场随时开展农机化生产信息报送统计工作。服务平台打破了原有的只能依靠电脑账号报送相关信息的时间与空间限制，大大提高了信息的时效性和准确性，为农机化生产管理的科学决策提供依据。农业农村部已可以通过该平台组织开展全国农机化生产进度报送统计工作；2016年共有27个省级农机管理部门、183个市级农机管理部门、1077个县级农机管理部门使用该系统进行农机调度125080台次，为保障粮食的颗粒归仓做出了贡献。

为农户服务的核心功能“滴滴麦收”也发挥了重要作用。截至2016年上半年，平台累计向339203名机手发布各类农机作业相关信息295万条，发布作业信息2.2亿亩，有9536名用户通过手机客户端完成了作业信息对接。由于该平台在“三夏”生产中的良好应用，被多家主流媒体关注。夏收期间，中央电视台《聚焦三农》栏目以“滴滴麦收”为题进行了专项报道，《农民日报》以《“互联网+跨区机收”国家队首秀叫好》为题进行了整版的专题报道，《人民日报》以《农业“滴滴”，等你来约——今年“三夏”跨区机收，农机直通车信息平台显身手》为题进行了专题报道。

利用“农机直通车”的信息化管理手段，有力促进了农机合作社的快速发展。作为平台的三大系统之一，合作社信息化管理系统的主要功能包括形象展示、内部通信、业务订单管理、账目管理及供需信息发布五个部分。1.3万余家合作社陆续入驻和应用“农机直通车”平台，有效推进了农机合作社信息化管理进程，提高了生产效率，减少了人力资源投入，降低了运营成本。

案例来源：原农业部市场与经济司。

第六章

发展数字农业面临的问题和建议

第一节　发展数字农业面临的问题

近年来，在国家政策大力支持和数字技术推动下，我国数字农业的理论研究和实践应用均取得了一定的成绩，各地涌现出一些数字农业的成功案例和典型应用。但是，我国数字农业仍然处于发展初期，还面临如下问题。

一、数字农业的发展缺乏顶层设计

“互联网+”农业涉及的管理部门众多，中央政府层面的主管部门包括国家发展改革委、农业农村部、商务部、工业和信息化部、交通运输部、科技部、市场监管总局。发展改革委负责宏观经济政策的制定；农业农村部主要负责农业技术推广服务、农产品电商方面的政策制定、信息服务平台的建设、农业科学（如作物育种、畜牧和渔业）的研究开展；商务部着力推广农产品电商的发展及农村电子商务的服务体系建设，注重农产品供应链的完善和物流体系建设；工业和信息化部、科技部、交通运输部的关注点主要在科技支撑、平台建设、技术标准和基础设施支撑问题；市场监管总局主要负责食品安全监督检查等内容。涉农政策往往缺乏连贯性，政策配套措施不完善。

数字农业环节繁多，涉及农产品的生产、流通、消费、服务（金融和信息)、农村电子政务等多个方面，总体而言，目前的政策供给缺乏顶层设计，政策之间缺乏统筹，衔接性和可操作性不强，没有统一的行业性统筹协调机构和公共服务平台。上述因素不利于从宏观层面解决数字农业面临的根本性问题，各部门之间的推进行动缺乏协调统筹，使各机构的推进行动难以形成合力，不容易实现理想的政策效果。此外，各管理部门之间的数据缺乏整合和共享，农业数据割裂现象十分突出，跨部门的数据和信息之间畅通流动机制尚未形成，农业数据资源的利用效率低下，影响其功能的实现。

二、农村物流和网络基础设施建设薄弱

1. 农村物流建设滞后

农村物流建设的滞后是制约农产品电商，特别是生鲜电商发展的重要因素。虽然近年来我国的交通及物流体系建设取得了很大进步，但是相对于城市地区，农村地区物流环节依旧相当薄弱。

首先，我国尚未建成农村地区的综合交通运输体系，运输结构有待进一步完善，特别是广袤的西部地区，路网密度不够，物流节点少，道路路况不佳，抬升了农产品运输成本，农村地区的人口分布较稀同样给物流体

系带来了极大挑战。

其次，农村地区物流服务体系不健全。农村物流主体数量较多、发展迅速，但普遍规模小，层次低，组织化程度低，服务水平低下，服务效率不高。

最后，农产品产地预冷严重滞后。农产品冷链运输是生鲜电商的重要组成部分，我国的冷链发展不够完善，造成农产品物流环节损耗较高。农产品预冷是一种预处贮处理方式，也是整个冷链环节必不可少的组成部分。由于预冷库建设成本很高，对普通农户和农业合作社来说无法承受，所以农产品产地预冷非常落后。因此，我国农产品“最先一公里”冷链物流还存在巨大缺口。

2. 农村互联网基础设施供给不足

我国农村地区互联网普及率仅为36.5%，仅仅是城市普及率的一半左右，甚至远低于世界互联网普及率（47%）。大量农村地区存在网络信号差、网速慢、资费高的问题。在陕西、甘肃、贵州等地的边远山区，还没有网络设施，影响和限制了当地农村电子商务的发展。由于农村网络基础设施滞后等问题，我国农村地区网购应用比例比城镇地区低20个百分点。上述情况表明，我国城乡的信息化差距还十分显著。

三、数字农业发展成本较高

首先，许多物联网元器件造价高，运营维护的成本也居高不下，对普通农业经营户来说，前期投入较大，无力承担。过高的成本严重制约了农业物联网的推广应用，因此，农业物联网的应用主要以政府主导的引导性示范和大型企业的前瞻性投入为主，中小企业经营者鲜少应用。

其次，生鲜农产品物流成本高。受制于农村地区物流网点较少，冷链设施严重匮乏，导致农产品物流成本长期以来都非常高。冷链设施的匮乏严重影响了农村鲜活农产品的流通。近年来大量的生鲜电商平台纷纷倒闭，背后的重要原因是平台自建冷链体系成本过高，导致经营难以维系。

最后，我国当前实施家庭联产承包体制下的农业生产，规模小、经营分散、效益不高，过于分散的生产经营导致成本过高，低附加值的农产品价格低，而当前农产品营销竞争激烈，大规模宣传推广和品牌塑造成本高，许多小规模经营者无法承受。

四、数字农业人才不足

1. 农村本地人才不足

农民是发展和建设现代农业、农村的主体力量。我国多大部分农村地区的经济不发达较落后，科技发展水平低下，各方面依然停留在相对落后的阶段，农民的科技观念和市场意识相对滞后，对新技术的发展和市场需求不敏锐，农业新技术的推广普及有诸多障碍。

当前，农村“空心化”问题突出，留守农村的老弱妇孺对现代信息技术知之有限，更不要说熟练上网开展农业活动；部分农民初步具备现代农业经营观念，但他们获取新技术渠道有限，不能将知识有效运用到农业生产实践；部分农民的保守和短视心理，造成他们对新技术的应用不够积极，并且，网络虚假信息的泛滥加重了部分农民对新技术的抵触心理。

2. 农业信息跨界复合型人才不足

“数字农业”是现代高科技和传统农业的融合，其发展高度依赖高素质的人才。现代农业的发展和农村的振兴，急需一大批实用专业技术人才、乡村规划人才、经营人才和管理人才。在我国，熟练掌握物联网和数据技术，了解农产品经营知识，同时还拥有丰富农业生产经验的人才不多，高端人才更是凤毛麟角，相关人才的培养和培训都存在短板。

我国涉农学科和信息技术融合的学科设置及人才培养还处于起步阶段，而农业物联网、农业大数据等方面的实践开展时间不长，相关学科设置更为匮乏。我国农业院校相关学科规模偏小，农业科技类毕业生数量不足。和城市相比，农村各项条件依然十分落后，很难吸引人才长期留存。

3. 农村电商人才相对缺乏

当前大多数从事电商经营的农民，相当一部分人的电商观念十分落后，认为“会上网就能开网店”，往往缺乏产品逻辑和商业逻辑，营销技术严重匮乏，对产品包装、产品质量安全检查、品牌塑造和维护、运营推广、售后服务等环节都缺乏充分的认识，并且没有团队来共同参与完成完整系统的商业流程。同时，各地针对农村电商人才培训的力度不足，除了少数地区已经有了一套完整的模式以外，大多数地区的农民从事农产品电商经营比较盲目。

五、农业配套设施建设滞后

健全配套的基础设施是发展现代农业的前提和保障，由于我国许多农村地区建设欠账太多，设施陈旧，或者规划落后，根本无法满足当前现代农业的发展需求。例如，新型主体需要集中连片的农田，对晾晒烘干的设施、加工存储的设施需求都比较大，要求更迫切。现在仅仅靠新型经营主体的自身投入也面临不少难度，需要政府的支持。再如，农田机耕道的缺失，使大型农业机械没有用武之地；农村、乡镇的农产品仓储用地问题也难以解决。

第二节　发展数字农业的政策建议

当前和今后一段时期，如何用数字技术提升农业竞争力，可在着力加强前端产品质量的控制、中端智慧冷链物流体系的建设、后端需求反馈调节机制的建立以及合众创新创业生态的培育上发力。具体来说，有以下几个政策建议。

一、加强政府部门顶层设计

数字农业建设千头万绪，工作繁杂，必须做好各相关机构的统筹规划，加强顶层设计，制定路线图。要着力推进农业信息化平台数据共享，加强信息一体化建设，并协调整合涉农相关部门信息，建立健全农业数据采集、分析、发布、服务机制，推动政府、企业信息服务资源的共享开放，消除数据壁垒和信息孤岛，加强农业大数据的开发利用。

二、加快推进农村信息基础设施建设

良好的信息基础设施是发展数字农业的物质基础。发达国家在农业信息化开展初期，十分重视农业信息基础设施的建设。例如，美国每年约有15亿美元经费用于支持网络体系建设、数据库建设和技术研发等方面的农业信息网络建设。我国要提高对“数字农业”的发展力度，加大农业信息化资金投入，扩大光纤网、宽带网在农村的有效覆盖。成立农村信息建设补贴资金，制定管理办法；在加大财政投入的同时，创新融资体制，充分发挥民营资本优势，鼓励和引导社会力量投入到农村信息化建设中来。利用和维护好现有基础设施和信息平台资源，做好促进网速提升和资费下调工作，充分发挥其效用，合理匹配和共享各项资源，避免重复建设。

三、加强农村物流及配套基础设施建设

要加大对农村物流建设的重视，从农村交通设施的改善起步，增加路网密度，改善道路质量，提升物流体系对农产品产销流通的支撑能力，着力改进各类路桥收费高的现状。要按照城乡统筹、县乡村统筹的原则，优化物流设施配置，加强交通运输、商务、邮政、快递等农村物流基础设施的规划投资和项目建设衔接，减少物流设施之间不衔接、不配套的情况。重视农村地区农产品产地预冷能力的提高；重视物流相关配套设施建设，着力解决好乡镇大型农产品仓储中心用地问题。

四、加大技术推广应用扶持

应加大对农业科技发展的财政扶持力度，鼓励高校、企业和其他社会力量加强农业科技创新，采取免税等措施，完善各相关单位协同创新机制，理顺利益分配，进一步扶持农业科技型中小企业的成长，建设农业科技产业示范园，引进国外先进技术并加以消化创新。鼓励高校和科研院所、相关标准化组织、企业展开合作，开展农业物联网、农业大数据、农业机器人等核心技术的技术攻关和设备研发，强化先进实用的传感器、智能控制等的推广应用，对一些基础性、前沿性、应用广泛的重点领域和项目优先安排资金。在"数字农业"应用相对成熟的地区，联合重点企业，建设一批示范应用联盟，形成一批成本较低、成熟可复制的"数字农业"应用模式。

五、加快培育现代化新型职业农民

当前，我国农村人才队伍的数量和质量还难以满足乡村振兴的要求。数字农业的发展离不开有文化、有头脑、懂技术、懂经营的新型农民，他们是新农村建设的主力军。

各级政府应把农民教育培训专项经费纳入年度财政预算，不断完善财政资金投入和补贴机制，在与农业相关的二、三产业发展基金中要按比例计提专项培训经费。通过设立专项基金，重点支持职业农民教育培训示范机构建设，支持新型农业经营者创业，组织开展相关的教学实践活动和农村创业人才的进修深造等，以增强新农村发展后劲。

第三节　因地制宜发展数字农业

一、地方层面

1. 从实际出发，切忌好高骛远、贪多求全

各地经济和技术发展水平不同，发展数字农业需要资金投入和技术投入。要结合自己的优势，从实际出发进行建设和推进。单点突破和整体推进各有优势。整体推进所需资金大，有助于提升整体发展水平，避免重复建设；单点突破节约资金，能突出自己的显著优势。

2. 依托优势，做出特色

西南地区有机农业和生态保护，依托自然环境优势，在民族地区发展特色农业旅游；粮食主产区应完善土地流转制度，发展适度规模经营，做大农产品加工；北京、上海发展都市农业，完善社会化服务体系，增强农业的服务功能。

3. 地企联合，优势互补

借助技术资源。例如，广汉市通过和京东合作发展数字底座项目合作，实现本地的农业提升；四川省藏区丹巴县八科村、深圳市坪山区、山东省淄博市等，依托阿里巴巴集团提供的智慧农业解决方案，并借助盒马

鲜生的强大品牌号召力，和阿里巴巴实现优势互补，共同打造了众多“盒马村”“盒马县”和“盒马市”。这些案例和京东集团的京东农场一样，为中国数字农业的发展探索出了有价值的发展道路。

二、企业层面

首先，不同行业的企业需要根据自身特点及优势，拓展业务领域，融合农业产业环节链条和数字技术，形成产业闭环（见表6-1）。

表6-1 不同行业“因业制宜”

<table>
<tr><th>企业类型</th><th>传统农业企业</th><th>互联网企业</th></tr>
<tr><td>优势</td><td>行业积累、产品优势</td><td>数字技术、运营、品牌营销优势</td></tr>
<tr><td>劣势</td><td>数字技术和互联网思维</td><td>行业经验</td></tr>
<tr><td>方向</td><td colspan="2">各取所长，优势互补，拓展业务领域，打造产业闭环</td></tr>
<tr><td rowspan="2">案例</td><td>智慧水利：大禹节水以水为入口，以节水灌溉为切入点，依托物联网、大数据、云计算等信息技术来实现完整的精准灌溉、水土环境和信息技术解决方案</td><td rowspan="2">京东：打造智慧农业共同体，做全产业链的智慧农业。除了农产品零售端以外，向更深的上游生产端切入，涉农领域不断扩大</td></tr>
<tr><td>猪联网：大北农为养殖户提供集采购、生产、疫病防控、销售于一体的数字化管理平台，其中包括猪场管理系统、行情宝、猪病通、养猪课堂等专业化产品。实现“管理数字化、业务电商化、发展金融化、产业生态化”</td></tr>
</table>

其次，互联网企业应从现有的数字化产品交互方面注意下沉市场的崛起，降低老年人、低文化水平的消费者接触数字农业的门槛，推出有针对性的设计和服务，为释放广大下沉市场的消费力打好基础。

参考文献

[1] 李道亮. 数字农业：农业供给侧改革必由之路 [M]. 北京：电子工业出版社，2017.

[2] 李宁，潘晓，徐英淇. 数字农业：助力传统农业转型升级 [M]. 北京：机械工业出版社，2015.

[3] 唐珂. “互联网+”现代农业的中国实践 [M]. 北京：中国农业大学出版社，2017.

[4] 傅泽田，张领先，李鑫星. 互联网+现代农业：迈向智慧农业时代 [M]. 北京：电子工业出版社，2016.

[5] 工业和信息化部. 中国区块链技术和应用发展白皮书（2016）.

[6] 华泰证券研究报告. “互联网+”，助推农业走进3.0时代.

[7] 中投顾问. 2016—2020年中国设施农业投资分析及前景预测报告.

[8] 洪涛. 2018年中国农产品电商发展报告.

[9] 商务部，中国国际电子商务中心. 中国农村电子商务发展报告（2017—2018）.

[10] 土流网. 土地流转市场报告.

[11] 中共中央国务院关于实施乡村振兴战略的意见.

[12] 中国社会科学院财经战略研究院. “三农”互联网金融蓝皮书：中国

“三农”互联网金融发展报告（2017）.

[13] 国务院发展研究中心课题组. 用“互联网+”重塑农业竞争优势 [N]. 经济日报，2017-8-18（14）.

[14] 谢瑾岚. 以“互联网+”农业推进乡村振兴 [N]. 湖南日报，2017-12-9（6）.

[15] 曹宏鑫，葛道阔，曹静，等. “互联网+”现代农业的理论分析与发展思路探讨 [J]. 江苏农业学报，2017，33（2）：314-321.

[16] 林阳，贺喻. 我国农业物联网现状分析及发展对策 [J]. 农业网络信息，2014（7）：26-28.

[17] 张亚东，郑玉娟，郑光辉. 物联网技术在农产品冷链物流中的应用 [J]. 教育界（高等教育研究），2012（9）：29.

[18] 米春桥. 农业大数据技术及其在农业灾害制图中的应用 [J]. 农业工程，2016，6（6）：15-17.

[19] 陈凌云，匡芳君. 人工智能技术在农业领域的应用 [J]. 电脑知识与技术，2017，13（29）：181-183，202.

[20] 冯奇，吴胜军. 我国农作物遥感估产研究进展 [J]. 世界科技研究与发展，2006（3）：6，32-36.

[21] 孙百鸣，赵宝芳，郭清兰. 我国农产品电子商务主要模式探析 [J]. 北方经济，2011（13）：85-86.

[22] 杨柳，苏娟，侯岩，等. “互联网+”背景下农产品品牌建设的问题和对策分析 [J]. 中小企业管理与科技（中旬刊），2017（7）：37-38，100.

[23] 杨凯育，李蔚青，王文博. 现代土地信托流转可行性模式研究 [J]. 世界农业，2013（4）：17-21，34.

[24] 刘献良. 抢抓土地流转机遇 推进农村金融发展 [N]. 中国城乡金融报, 2014-11-26 (B1).

[25] 贾立, 汤敏. 农村互联网金融: 模式与发展形态 [J]. 西南金融, 2016 (9): 7-11.

[26] 李瑾, 冯献, 郭美荣, 等. “互联网+” 现代农业发展模式的国际比较与借鉴 [J]. 农业现代化研究, 2018, 39 (2): 194-202.

[27] 胡青. 乡村振兴背景下 “数字农业” 发展趋势与实践策略 [J]. 中共杭州市委党校学报, 2019 (5): 69-75.

[28] 电子商务的几种模式比较 [EB/OL]. http://blog.sina.com.cn/s/blog_7ce8435f0100sckh.html.

[29] 社群是转化和裂变的本质, 社群经济是商业的未来 [EB/OL]. http://www.sohu.com/a/259801499_100036625.

[30] 互金深耕 “三农” 探索土地流转新模式 [EB/OL]. http://www.financialnews.com.cn/if/if/201705/t20170522_117859.html.

[31] 互联网思维下三只松鼠营销创新分析 [EB/OL]. http://blog.sina.com.cn/s/blog_4cc5f6640102wxor.html.

附　录

数字农业企业

序号	领域	板块	企业/平台	所在地	主要业务内容
1	农业物联网	硬件开发	极飞科技	广东	机器人的技术研究、技术开发；无人机软硬件的技术开发、应用；农业科学研究和试验发展；农业机械服务；农业病虫害防治服务；农业园艺服务；农业技术推广服务
2		硬件开发	雷神空天	四川	无人机及其软件、设备的研发、测试；无人机系统集成、技术服务、技术转让及技术培训；农业机械服务；其他农业服务；林业有害生物防治服务
3		硬件开发	花花草草	北京	主要研发、生产家居相关智能硬件产品
4		硬件开发	羽人农业航空	广东	国内领先农用无人机及农业服务的高新技术企业
5		硬件开发	天鹰兄弟	广东	专注于精准农业和智能农用无人机研究与开发，包括无人机飞防、播种、喷洒固态肥料及农业数据采集与传输
6		硬件开发	中苏科技	江苏	从事水利智能化灌排设备、水利电气自动化和信息化设备生产及服务的综合性高新技术企业，在农田灌溉、农业高效节水灌溉、大中型灌区灌溉、防汛抗旱、水文水情测报、水资源管理、流域调水、水处理和供水等领域提供高科技产品和技术支持，以及水利工程总包、水利工程规划设计及水利工程设施运行、维护、管理等服务

续表

序号	领域	板块	企业/平台	所在地	主要业务内容
7	农业物联网	硬件开发	韦加智慧农业	北京	无人机植保，航空领域军技民用的代表
8		硬件开发	锋士	山东	专注物联网、智慧水利和智慧农业领域，主营 GPRS/4G/NB-IOT/LORA/物联网终端、射频卡控制器、水肥一体化设备、无线遥测终端机、各种水利管理软件等
9		硬件开发	中联重科	湖南	从事农业机械等高新技术设备的研发、制造
10		硬件开发	大田农服	上海	专注于打造一站式、多元化的综合性无人机植保交易服务平台，以移动客户端“大田农服”为核心产品，旨在促进政府、企业、农户之间的互联互通。服务范围涵盖了在农场和提供无人机植保服务的飞行作业队之间进行供需信息的分享和匹配
11		硬件开发	中国一拖	河南	特大型机械制造企业，拥有“东方红”系列产品
12		硬件开发	雷沃重工	山东	农业设备制造企业
13		硬件开发	全柴动力	安徽	我国柴油机行业的龙头企业，主要经营柴油机以及新型塑料管材的开发、生产和销售，主要生产农机配套的单缸机和轻卡配套的四缸机，并涉足新型化学建材开发、生产和销售
14		硬件开发	中农博远	河北	中农集团进军农机装备制造领域的企业

续表

序号	领域	板块	企业/平台	所在地	主要业务内容
15	农业物联网	硬件开发	绿卫士	湖南	湖南绿卫士智能科技有限公司是一家专业从事多/单旋翼农业无人机的研发、生产、销售的高科技创新型企业。建立了一支高素质农业科技研发与服务团队，专注航空植保业务，为农业领域提供更多先进科技解决方案
16		硬件开发	雨燕智能	广东	深圳雨燕智能科技服务有限公司是集农业智能装备（无人机）及专用制剂助剂技术和智能农事化服务于一体的科技服务企业，由深圳诺普信农化股份有限公司投资成立。依托强大的科技研发实力及植保应用经验，2016 年成立了智能喷洒工程技术中心，由行业资深专家和高学历人才领衔的应用研发团队，将多年的科研沉淀转化为多项无人机制剂助剂应用专利，与当下飞防相结合，推出整体飞防打包服务暨提供“无人机+专用药剂/助剂+植保方案+作业方案”四位一体服务
17		硬件开发	云圣智能	北京	云圣智能是一家无人机研发商，自主研发 IKING 工业级无人机系统，其涵盖农业植保、高精度 3D 建模及电力石油管线巡检系列的多款无人机机型。IKING 农业植保无人机能够提升农作物农药喷洒效率，并有助于农业保险勘定、农作物病虫害预测及农场区自然灾害监控等工作开展
18		硬件开发	国丰机械	山东	推出智能化复合型农机装备产品

续表

序号	领域	板块	企业/平台	所在地	主要业务内容
19	农业物联网	技术与服务	耕智农业	北京	耕智农业云平台是北京耕智农业科技有限公司依托母公司东昇集团20多年的农场运营经验，由100多位一线农事专家及经理人历经2年开发设计而成的。平台通过采集环境信息、投入品、用工、施肥、植保、栽培、产量及品质等信息进行智能统计分析，能够对病虫害、采收时间、产量、品质提前预测和管控。可实现农场生产标准化、管理可视化、作业智能化、过程透明化，全程控制和提升产品品质，有效与市场追溯机制无缝对接，真正意义上提升农场市场效益，保障农产品质量安全
20		技术与服务	麦飞科技	北京	麦飞科技研发的天空地一体化视觉/光谱技术，结合农作物参数遥感反演模型，在冠层及植株尺度内精准监测农田作物长势及病虫害信息，实时生成作物长势及病虫害多维农情监测图，监测数据实时上传至云端，具备长时间序列分析能力，掌握作物生长动态变化规律，为精准科学的农田管理提供参考依据
21		技术与服务	京东农场	北京	在全国范围内，与合作伙伴一起，按照京东农场的管理标准进行科学种植、规范生产、高效运输，共同打造精准化、智能化、品牌化的现代农业基地。提供涵盖农业种植、农产品加工、“京品源”销售平台、仓储物流的农业全产业链服务

续表

序号	领域	板块	企业/平台	所在地	主要业务内容
22	农业物联网	技术与服务	南泥湾	湖北	南泥湾是一个农产品农资交易服务平台，是以“产供直销、资质认证、产品溯源、品质保证、平台保险、假货包赔”为经营理念，服务于农业生产端与销售端的中间平台，为了从粮食层面解决食品安全问题，为农民提供更多指导与帮助
23		技术与服务	农管家	北京	北京农管家科技有限公司面向新型农业经营主体（合作社、种植大户等），提供农业供应链互联网服务平台，主要提供的服务有农业金融服务、农资团购服务、农技服务和农产品流通服务
24		技术与服务	农田管家	北京	现代农业互联网综合服务提供商，以打造无人机喷洒农药（飞防）服务垂直应用生态圈为切入点，建设飞防服务平台、互联网金融服务平台
25		技术与服务	农活帮	江苏	农活帮是一个农活（耕种管收）服务共享协作平台，以植保（尤其是无人机飞防）和人工为切入点，帮助农民赚钱。农活帮通过分工协作提高农活效率，促进农活服务标准化，让农业生产者种地更轻松，让农业服务者赚钱更容易。农活帮为无锡农活帮网络科技有限公司旗下产品
26		技术与服务	帮农忙	上海	帮农忙是全过程耕种服务的提供商，依靠互联网工具，提供代耕代种、联耕联种、土地托管等专业化、规模化服务

续表

序号	领域	板块	企业/平台	所在地	主要业务内容
27	农业物联网	技术与服务	农特微商	北京	农特微商于2015年成立，旨在打造全新的“微创业孵化+品牌农业+订单农业+社交电商+原产地直供+扁平化供应链+O2O新零售”融合的互联网农业生态
28		技术与服务	现牛羊	北京	现牛羊是见牛羊（北京）网络科技有限公司旗下的数字农业众享平台，以促进绿色农业、用科技链接农业为发展愿景。平台将移动互联技术与现代农业相结合，帮助用户与实体农场直接对接。让用户以农场主的身份，参与到农产品生产监督等环节，不仅能够获得收益，还能体验到农产品定制生产和收获可溯源的乐趣
29		技术与服务	禾壮慧农	北京	北京禾壮慧农科技发展有限公司以大数据处理、云计算、人工智能等技术为依托，构建农业生态系统
30		技术与服务	求是嘉禾	浙江	求是嘉禾专注粮食行业信息化应用领域的研发、集成和创新，致力于提供完整的粮食行业智能化信息应用产品与服务，为客户提供按需设计的粮食行业信息化应用解决方案和业务咨询服务，是国内具有影响力的粮库信息化应用技术服务商之一
31		技术与服务	华夏维康	山东	主要从事畜禽健康养殖，禽病诊疗，有机、绿色与无公害禽蛋产品生产与农作物的栽培种植，名优兽药、饲料、有机生态农副产品的经营等项目

续表

序号	领域	板块	企业/平台	所在地	主要业务内容
32	农业物联网	技术与服务	农博创新	广东	农博创新立足现代农业，致力于将国际领先的“物联网、移动互联网、云计算”技术应用于农业科学化生产和管理中，为客户提供农业互联网的整体解决方案，并将数据反馈给农业科学种植，使农田种植和管理效率大幅提高，让农户受益于智慧农业带来的高效和创新
33		技术与服务	宅耕科技	浙江	宅耕科技 iGrow 致力于打造一种家庭农业、都市宅耕的生活方式，产品是两款绿植室内智能种植机：针对儿童群体的绿植生长机，以及针对成年人的全自动植物生长机
34		技术与服务	农经理	北京	农经理是以会销为突破点的农资行业定制化 SaaS 软件系统，由进销存管理系统、财务管理系统、人员管理系统、会议营销系统及农技专家服务模块组成。通过农经理系统的有效优化，提升农资厂商、经销商的管理效率、农资产品的销售效率、农民购买农资产品的准确率
35		技术与服务	新云和创	北京	新云和创是一家专注提供农牧行业信息化服务的公司，致力于为新希望六和养猪产业的技术升级和服务转型提供互联网技术支持
36		技术与服务	优良食	北京	优良食（北京）生物科技有限公司是一家专注于“鱼菜共生+立体种植”系统研发的科技公司。其“鱼菜共生+立体种植”系统主要分为三层：最上层种植水培叶菜和茄果，中层种植蘑菇，底层用来养鱼

续表

序号	领域	板块	企业/平台	所在地	主要业务内容
37	农业物联网	技术与服务	沙粮哥	内蒙古	内蒙古沙粮哥农业科技有限公司始终践行“公司+基地+合作社+农户+智能社区”的经营模式，现有生产种植基地15500亩，是国内首家把开发沙漠农业种植、研发沙地农业机械、创新农业种植模式融为一体，并致力于促进沙漠特色农业安全的创新型农业科技公司
38		技术与服务	阿牧网云	北京	阿牧网云是中国养牛行业第一家为奶牛场提供“线上管理决策及服务”的垂直模式服务公司，是以物联网数据采集及大数据分析为手段的典型的“互联网+奶牛”高科技企业
39		技术与服务	农飞客	河南	农飞客农业科技有限公司是在数字农业的大背景下应运而生的一家高科技农业服务型企业，由浙江新安化工集团股份有限公司、安徽辉隆集团瑞美福农化有限公司、北京中航网信系统集成有限公司和安阳市喜满地肥业有限责任公司四家企业强强联合，共同组建。公司构建“平台+工具+终端+服务+网络信息”的全新商业运行模式，为农业、农村、农民提供个性化定制、集约化、规模化、全产业链的农业社会化生态服务
40		技术与服务	富邦股份	湖北	集磷矿石综合利用、生产过程节能降耗、含磷工业废水回收、化肥利用率提高、减少农业面源污染等整体方案的提供者

续表

序号	领域	板块	企业/平台	所在地	主要业务内容
41	农业物联网	技术与服务	大丰收	上海	大丰收是一个农业 B2B 的新型信息交易平台，一方面将农业产地的农产品信息有效地发布给市场，另一方面连接起市场目前的农产品需求信息，通过解决农产品从产出到流向市场的诸多信息不对称，实现农产品交易更加便捷高效
42		技术与服务	云农场	北京	云农场是一个网上农资商城，为化肥、种子、农药、农机交易及测土配肥、农技服务、农场金融、乡间物流、农产品定制化等提供多种增值服务
43		技术与服务	微妙军团	北京	推出以自然农法为指导原则的新型农业生产模式以及一站式集成方案，并自主创新研发出基于复合益生菌发酵的化肥农药替代品
44		技术与服务	禾祥西	福建	禾祥西是一个以西红柿为细分市场的互联网新农业品牌，项目于 2014 年 10 月筹备，2015 年 4 月正式实行，通过先进的科技研发手段将传统农业和互联网相结合，生产种植高品质有机小西红柿，通过产品延伸，形成以西红柿为主题的产业链，目标是做到西红柿细分领域的第一名，打造中国第一西红柿品牌
45		技术与服务	睿畜科技	四川	睿畜科技是一家专注于养猪产业智能化管理的创业公司。它主要推出了两款产品——电子医生（eDoctor）和智能耳标(Smart ear tag)，该产品可用于实时监测生猪生理指标，帮助农场主低成本，规模化、标准化、精准化地管理猪的生理情况

续表

序号	领域	板块	企业/平台	所在地	主要业务内容
46	农业物联网	技术与服务	食物优	四川	食物优是一个农产品电商平台，目前签约合作的有 139 家 CSA 中小型农场。SCRY. INFO 是一家基于真实数据的开源区块链底层协议提供商，SCRY. INFO 接入整合并签名不同的行业数据，形成基于区块链的数据智能合约协议层，对于数据验证的节点参与方进行数据源的签名认证，不同的开发者和公司可在 SCRY. INFO 协议上开发自己的区块链数据应用产品
47		技术与服务	丰收汇	北京	丰收汇是一个农产品网上交易平台，集农资电商、农产品定制与交易、农村物流、农技服务及农村金融等领域为一体，主要为用户提供粮油、蔬菜、水果、干果、中药材等品类的产品，并为农户提供农业行情资讯、供需信息匹配、融资担保、农技服务等功能服务，同时搭建村级到户服务站，为农户提供农资购买培训、种植技术需求采集、帮助对接采购商等服务
48		技术与服务	广西慧云信息	广西	种植监控系统，饲料生产管理系统，农产品安全溯源系统
49		技术与服务	华农天时	北京	通过农业数据采集分析，提供天气信息、物联网、农险公司服务
50		技术与服务	诺普信	广东	专业从事农业植保技术研发、产品生产经营及农业技术服务的国家级高新技术企业

续表

序号	领域	板块	企业/平台	所在地	主要业务内容
51	农业物联网	技术与服务	蔬东坡	北京	蔬东坡定位为全球生鲜供应链SaaS服务商，专注于为生鲜农产品流通行业的中大型配送商、批发商、半成品加工商和社区团购运营商提供SaaS和解决方案服务
52	农业大数据	农业大数据	丰顿科技	江苏	农业大数据专业服务提供商致力于“智慧农业大数据服务平台”的构建与运营
53		农业大数据	佳格天地	北京	佳格天地是一家通过环境和农业大数据收集、处理、分析和可视化系统，提供农业解决方案的大数据应用公司
54		农业大数据	数溪智能	江苏	数溪智能成立于2018年3月，目前主要为生产种植型企业、农业投入品企业、农业金融服务企业等核心客户，提供数字化转型以及智能分析决策解决方案的大数据服务。自主研发了“慧种田”数字农业服务平台
55		农业大数据	中农互联	北京	北京中农互联信息技术有限公司（英文简称SINONET）成立于2015年5月，是智慧农业领域服务商，致力于智慧农业解决方案。由中农互联开发的耘瞳AIS系统通过遥感卫星、气象卫星、无人机、物联网等手段获取多波段、多时相、多类型的农业时空大数据，结合系统云平台中的模型与核心算法（模型与算法通过人工智能机器深度学习不断优化升级），为用户提供稳定、精准、高效的农业专项服务。自成立始，秉承科技改变农业的发展理念，专注于农业信息化及高端解决方案建设，推动中国农业智慧化转型升级

续表

序号	领域	板块	企业/平台	所在地	主要业务内容
56	农业大数据	农业大数据	星衡科技	北京	北京星衡科技有限公司是一家通过卫星和气象大数据收集、处理、分析和可视化系统，服务农业、林业、牧业、渔业、环保、金融等行业的大数据应用公司。星衡科技利用中、美和欧洲等数十颗卫星和无人机实时采集地面和气象数据，通过拥有自主知识产权的图像解析和数据分析算法，实现地物识别、面积测算、农业全生产周期监测、渔业生态监测、电力巡线、城市建设、国土资源普查、金融保险等全产业链数据支持和管理级服务
57		农业大数据	易耕云作	四川	易耕云作以大数据信息的收集和分析为切入口，通过利用多颗遥感卫星数据、气象数据、专利地面传感器及自主研发的算法和大数据处理系统，为农场管理人员、政府主管部门、科研机构、种业机构等提供高价值数据，帮助用户实现数据驱动的决策。易耕云作目前有两款产品：云景和云感，分别提供微观和宏观服务
58		农业大数据	嘉谷科技	江苏	嘉谷科技专注于通过提供无人机等农机作业管理平台以及相关智能硬件，建立农业大数据平台，主导中国的农业耕作市场

续表

序号	领域	板块	企业/平台	所在地	主要业务内容
59	农业大数据	农业大数据	麦飞科技	北京	麦飞科技是一家拥有国际化技术背景、互联网基因、专注于智慧农业领域的AI大数据公司，提供全程的科学植保技术与方案，首次实现了田块尺度内作物长势与病虫害监测业务化技术，在专业化产品、行业大数据挖掘和业务模式上具有强壁垒
60		农业大数据	海睿信息	广东	海睿信息是一家专注于农业信息研发、设施农业工程的高新技术企业，运用先进的物联网、大数据、移动互联和智能决策技术，为现代化农业生产管理提供全方位的信息产品与解决方案
61		农业大数据	阡陌科技	安徽	阡陌科技是一家农业大数据公司，通过数据采集、分析、研究、应用等一整套数据处理系统，向新型经营主体、涉农企业、政府机构等，提供科学、精准、有效的数据服务。隶属于安徽阡陌网络科技有限公司
62		农业大数据	大蚯蚓科技	云南	昆明大蚯蚓科技有限公司是一家致力于用农业物联网、大数据分析和人工智能提升中国农业效率和质量的高科技公司。公司拥有一支互补性强，既具有宽广的国际视野，又对中国农业有深入了解的深度跨界专业团队。在物联网、互联网云服务、高端设施农业、农作物生长与农田生态系统及病虫害预报与数据分析等领域具有极强的开拓性研究和应用开发能力。目前在北京、云南、贵州分别设有研发和生产试验基地，已开发出具有自主知识产权的移动互联网/物联网友好的多种环境传感及其移动端——云端管理和大数据分析系统

续表

序号	领域	板块	企业/平台	所在地	主要业务内容
63	农业大数据	农业大数据	爱科农	北京	北京爱科农科技有限公司是一家提供农业大数据分析的高科技公司。爱科农公司自主研发的大数据驱动型智能农业技术系统（FIS）可以为农业种植者提供及时、高效、精准的管理决策指导，以解决中国农业当前存在的问题
64		农业大数据	无锡同方	江苏	无锡同方融达信息科技有限公司是一家专注于“智慧农业”领域的高科技企业。公司业务横跨生产、流通、消费与政府监管四大环节，为各级用户提供涵盖食品安全、农业物联网、农产品物流园及智慧农业信息服务云平台的“3+1”整体解决方案与服务，全方位满足政府与企业农业信息化和大数据决策分析需求
65		农业大数据	杨凌农业云	陕西	杨凌农业云是一家农业大数据和全方位农业科技服务商。公司以支持、服务国家数字农业的发展战略为使命，承担农业领域大数据和全方位的农业科技服务，依托杨凌示范区的资源、区位、政策、人才等优势和神州数码的体制、市场和技术优势，全方位服务“三农”，着力打造中国领先的标准化、权威性、可运营的杨凌农业云服务平台。杨凌农业云服务平台立足于农业，以云计算、移动互联网、大数据等新一代信息技术为手段，以用户直接诉求为核心，采用开放的云服务模式，聚合政府服务资源、社会公共服务资源和市场专业服务资源

续表

序号	领域	板块	企业/平台	所在地	主要业务内容
66	农业大数据	农业大数据	中农惠普金服	北京	中农普惠金服科技股份有限公司是一家专注农业种植管理服务的数字农业公司。公司以大数据技术为基础，围绕农业种植环节，在提升客户种植效率的同时帮助客户种出稳产、优质的农产品。公司致力于构建现代农业产业的生态圈，为农业产业链上的参与者赋能，让农资消费更加便捷，让农业生产更有效率，让农产品流通更具效益
67		农业大数据	行如舟农业	河南	郑州行如舟农业大数据技术有限公司用农业大数据“助力中国农业现代化，全心全意为农户服务”的企业宗旨，围绕农业大数据领域重大需求，针对农业大数据处理与应用、农业科技信息分析、农业气象大数据等问题，开展数据驱动农业精准生产、农业大数据平台、农业物联网数据集成等技术研究与应用，促进农业大数据产业应用，加快河南省农业现代化建设
68		农业大数据	农销乐	北京	农销乐是一家专业从事农业信息化的高新技术企业，长期专注于农资管理系统、农药电子台账、农药监管信息化平台、农业大数据挖掘、农事一体化服务、智慧农业应用等领域
69		农业大数据	大气候农业	广东	农业智能监测系统，以智能化农机设备为载体

续表

序号	领域	板块	企业/平台	所在地	主要业务内容
70	农业大数据	农业大数据	中农信达	北京	农业信息化和“三农”信息化综合服务提供商，提供农村和农业软件研发应用、农地综合信息服务、农云平台运营等
71		农业大数据	奥科美	北京	北京奥科美技术服务有限公司以农场管理为核心，为农业产业链提供智能化服务，致力于提高农场管理水平，增加收益，提高产业效率，帮助政府改善服务能力
72	其他技术与服务	网站服务	三农信息网	北京	三农信息网是一家以互联网技术为核心，专业从事服务农业、农村、农民的网络传媒、“三农”人才网络招聘、“三农”电子商务的综合服务商
73		网站服务	农博科技	北京	北京农博数码科技有限责任公司简称农博科技，是一家以互联网技术为核心，专业从事农业网络传媒、农业人才网络招聘、农业电子商务的综合服务商
74		网站服务	金农网	黑龙江	金农网是中国领先的农业门户网站，是集农业信息、电子商务、网络广告宣传于一体的专业化、国际化农业综合平台
75		网站服务	农产品期货网	北京	农产品期货网是一个综合智慧农业解决方案提供商，致力于以“农业大数据+电子商务+增值服务”为主要的业务布局，提供农业信息、咨询、数据等业务服务
76		网站服务	快鲜网	北京	快鲜网是一家从事社区生鲜零售的平台，主要有批发、生鲜电商线上平台快鲜网、蔬菜社区团购、线下生鲜门店等业务

续表

序号	领域	板块	企业/平台	所在地	主要业务内容
77	其他技术与服务	网站服务	华采找鱼	北京	华采找鱼网是一个渔业产品 B2B 交易撮合平台，通过线上平台和线下采购团队，快速为中小型企业接入产地一手货源，连接产销地批发商，实现线上询比价、线下找发货等服务
78		网站服务	聚农网	甘肃	聚农网是甘肃巨龙农网旗下以“三农”社会化服务为核心建设理念的电子商务平台。聚农网将电子商务引入“三农”社会化服务中，高度整合了信息发布与咨询、在线社区、B2C 在线商城、B2B2C 平台、金融服务中心、现代物流及仓储等功能模块，将农业服务的电子商务化作为一个系统工程进行建设
79	全产业链行业巨头	综合	中粮	北京	中粮集团有限公司是全球领先的农产品、食品领域多元化产品和服务供应商，集农产品贸易、物流、加工和粮油食品生产销售于一体
80		综合	中化农业	北京	中化 MAP 战略是中化农业 2017 年落地的农场计划，借助移动互联网技术、物联网技术、大数据分析等手段帮助种植者实现技术标准数据化、栽培管理精准化和农场运营智能化
81		综合	首农集团	北京	一家种畜种禽养殖及原料供应商，专注于食品加工、良种繁育、生物制药领域，致力于打造从农场到餐桌的食品产业链
82		综合	新希望	四川	公司立足农牧产业，注重稳健发展，业务涉及饲料、养殖、肉制品及金融投资、商贸

续表

序号	领域	板块	企业/平台	所在地	主要业务内容
83	全产业链行业巨头	综合	伊利	内蒙古	内蒙古伊利实业集团股份有限公司一直为消费者提供健康、营养的乳制品，是目前中国规模最大、产品线最全的乳制品企业
84		综合	蒙牛	内蒙古	蒙牛集团提供多元化的产品，包括液体奶、冰淇淋及其他乳制品，如奶粉、奶酪等
85		综合	光明食品	上海	集现代农业、食品加工制造、食品分销于一体，具有完整食品产业链的综合食品产业集团
86		综合	雨润	江苏	肉制品的加工、销售，食品机械制造，食品研究技术开发，饲料及混合饲料销售，自营和代理各类商品及技术的进出口业务
87		综合	汇源	北京	累计研发、生产、销售水果原浆、浓缩汁、果汁、蔬菜汁、果蔬汁饮料、含乳饮料、茶饮料、婴幼儿食品等十几类400多个品种的产品。水果原浆、浓缩汁出口德国、瑞士、俄国、日本、韩国、美国等十几个国家和地区
88		综合	圣农	福建	公司以肉鸡饲养、肉鸡屠宰加工和鸡肉销售为主业，是中国最大的自养自宰白羽肉鸡专业生产企业，现已形成集饲料加工、种鸡养殖、种蛋孵化、肉鸡饲养、肉鸡屠宰加工与销售于一体的完整的白羽鸡产业链，实现了肉鸡产业资源的低成本运作

续表

序号	领域	板块	企业/平台	所在地	主要业务内容
89	全产业链行业巨头	综合	牧原股份	河南	牧原食品股份有限公司是一家集约化养猪规模位居全国前列的农业产业化国家重点龙头企业，是我国自育自繁自养大规模一体化的生猪养殖企业，也是我国较大的生猪育种企业。公司具有年可出栏生猪千万头、年可加工饲料近 500 万吨、年可屠宰生猪 100 万头的能力，已形成了集科研、饲料加工、生猪育种、种猪扩繁、商品猪饲养于一体的完整封闭式生猪产业链
90		综合	苏垦农发	江苏	苏垦农发是江苏省目前规模最大、现代化水平最高的农业类公司和商品粮生产基地，具有明显的规模、资源、技术、装备、管理及绿色产品优势
91	生鲜批发	批发	美菜网	北京	美菜网是一家主打农产品和蔬菜水果的 B2B 电子商务网站，致力于用科技改变中国农业市场，为全国约 1000 万家餐厅和蔬菜店铺提供一站式、全品类、全程无忧的餐饮原材料采购服务
92		批发	宋小菜	浙江	宋小菜是一个移动互联网服务平台，专注于生鲜农产品的批发采购和城市配送服务。宋小菜主营生鲜农产品的 B2B 批发业务，从线上 App 农产品信息查询和采购交易服务，到线下城市配送和售后服务，提供专业、全面、更有效率的 O2O 解决方案

续表

序号	领域	板块	企业/平台	所在地	主要业务内容
93	生鲜批发	批发	两鲜网	上海	两鲜网是一家基于互联网技术及冷链运输的现代生鲜服务供应商，提供高品质水果、蔬菜、肉食、海鲜等产品和个性化生鲜服务
94		批发	鲜易网	河南	鲜易网是河南鲜易网络科技有限公司旗下生鲜食材 B2B 电子商务交易平台。鲜易网依托鲜易供应链线下服务网络，为客户提供线上担保交易、线下物流服务的一体化解决方案
95		批发	果乐乐	北京	从国内优质食品供应基地、国外优质食品供应商中精挑细选，剔除中间环节，提供冷链配送、食材食品直送到家服务
96		批发	链农	北京	链农是一家餐馆供应商，为餐饮行业提供高性价比的一站式食材采购服务
97		批发	冻品在线	福建	冻品在线是一个冷冻食材 B2B 供应链平台，旨在借助便捷的移动互联网，立足于数以百万计的小终端，力图重塑冷冻食品的传统销售模式
98		批发	优配良品	北京	优配良品是一个专注于生鲜供应链的一站式食材供应服务商，通过产地直供、自建物流模式真正打通上下游
99		批发	古梯田	北京	供应链管理，销售新鲜水果、新鲜蔬菜，普通货物运输

续表

序号	领域	板块	企业/平台	所在地	主要业务内容
100	生鲜批发	批发	易批生鲜	上海	易批生鲜是一个提供网上农产品批发交易服务的电商平台。平台采用O2O模式，与农产品流通行业深度融合。线上撮合交易，线下服务交易；优化农产品流通过程，解决信息不对称问题，提高农产品流通追溯管理水平，提升农产品批发交易效率
101		批发	山东寿光蔬菜批发市场	山东	农产品市场批发以及配套设施开发、租赁、销售、经营、批发、零售，建立农产品批发市场以及物流配送中心，配套物业开发以及经营管理，开展仓储、搬运装卸、包装、配送、信息咨询等服务
102		批发	新发地	北京	新发地是一家农产品供应商，形成了以蔬菜、果品批发为龙头，肉类、粮油、水产、调料等十大类农副产品综合批发交易的格局
103		批发	浙江金华农产品批发市场	浙江	市场的业务经营及服务，农产品信息咨询服务
104		批发	深圳农产品股份有限公司	广东	农产品批发市场的开发、建设、经营和管理，大宗农产品电子交易和蔬菜种植等
105		批发	中国供销农产品批发市场控股有限公司	北京	中华全国供销合作总社为有效服务“三农”、搞活农产品流通、适应社会主义新农村建设而成立的独资企业，是农产品流通领域的国家级龙头企业。项目集农产品批发交易、加工冷藏、仓储配送、展示展销、电子商务、信息发布、检验检测、进出口代理等功能于一体，按照不同的功能区域要求进行规划建设

续表

序号	领域	板块	企业/平台	所在地	主要业务内容
106	生鲜批发	批发	苏州市苏宿生鲜农产品批发有限公司	江苏	销售配送食品、农产品
107	生鲜批发	批发	天津海吉星农产品物流有限公司	天津	一期工程重点建成交易市场，包括批发交易区、展示区和管理服务区三大区域；二期工程重点建设水果、蔬菜、冻品、干货、茶叶等农产品专业交易区，以及认证农产品加工配送中心、果蔬深加工中心、肉鱼深加工中心、进出口交易中心等设施，并配套大型冷库和现代化商务办公楼以及蓝领公寓等
108	生鲜零售	零售	易果生鲜	上海	易果生鲜网是一个主打生鲜水果的 B2C 电商，旗下有“易果”“原膳”“乐醇”“锦色”等品牌
109	生鲜零售	零售	本来生活	北京	本来生活网是一个专注于食品、水果、蔬菜的电商网站
110	生鲜零售	零售	天天果园	上海	天天果园是一家主打全球进口鲜果产品及服务的电子商务服务商
111	生鲜零售	零售	顺丰优选	北京	商品全面覆盖生鲜食品、母婴食品、酒水饮料、营养保健、休闲食品、饼干点心、粮油副食、冲调茶饮及美食等品类
112	生鲜零售	零售	优食管家	北京	领先的品质生鲜社群全渠道零售商，致力于以更高品质、更低价格为新生代中产阶层提供品质生活所需的产品和服务

续表

序号	领域	板块	企业/平台	所在地	主要业务内容
113	生鲜零售	零售	良品良食	宁夏	良品良食是农旅联盟旗下的 O2O 农副产品体验店，旨在聚合“品牌+特色农副产品”，推广体验式营销服务，呈现出“窗口+市集”和“线下+线上”的模式。良品良食旨在通过多渠道的融合，遵循生态信任农业行业准则、食品生产安全准则，将最好的产品呈现给有需要的消费者，保证产品的质量，为人们提供真正的良品
114		零售	优果汇	新疆	新疆优果汇农业发展有限公司是一家农产品经销商。其以店铺项目运营为核心，业务包括建仓（农品收购）、团队组建及培训、品质监控、品牌策划、营销推广、终端建设等，以专卖店、店中店、专柜等模式进行销售，产品主要是瓜果、乳制品、干果等三大类
115		零售	拼好货	浙江	拼好货是一个 C2B 模式的水果拼单社交分享电商，以拼团买水果切入，未来会拓展品类，专注以拼团的方式让用户买到高性价比的好货
116		零售	天猫	浙江	中国线上购物的地标网站，亚洲超大的综合性购物平台，拥有 10 万多品牌商家。每日发布大量国内外商品，涵盖服饰鞋包、美妆护肤、家电数码、时尚大牌、母婴玩具、家具建材等品类

续表

序号	领域	板块	企业/平台	所在地	主要业务内容
117	生鲜零售	零售	京东	北京	京东商城是一家综合购物平台，集团业务涉及电商、金融和物流三大板块。京东于2004年正式涉足电商领域。京东是中国收入规模最大的互联网企业。2014年5月，京东集团在美国纳斯达克证券交易所正式挂牌上市，是中国第一个成功赴美上市的大型综合电商平台
118		零售	苏宁	江苏	苏宁创办于1990年12月26日，是一家多品类商务公司，经营商品涵盖传统家电、消费电子、百货、日用品、图书、虚拟产品等，线下实体门店1600多家，线上苏宁易购位居国内B2C前三，线上线下的融合发展引领零售发展新趋势
119		零售	每日优鲜	北京	每日优鲜是一个生鲜配送平台，覆盖水果、蔬菜、肉蛋、乳品共11个品类，并为用户提供2小时送货上门的冷链配送服务。同时，免费为企业提供冷藏柜、常温货架和冷冻柜三种无人便利柜，用于存放水果、零食、酸奶等食品，用户可进行微信扫码、自助付款
120		零售	一地一味	北京	一地一味是一家主打生鲜食品同城直供O2O平台，以特色食品及饮品、新鲜水果、健康食材为主，将原产地生产端、商家端、用户端三位一体予以整合，旨在让消费者获得高品质商品，同时享受优质便捷的服务。平台隶属于北京一地一味网络技术有限公司

续表

序号	领域	板块	企业/平台	所在地	主要业务内容
121	生鲜零售	零售	食行生鲜	江苏	食行生鲜是一个生鲜蔬菜食品 B2C 网购平台，采取线上预订线下社区自助提货的采购模式，同时建立小区智能生鲜配送站，为用户提供便捷、新鲜、平价、安全的农副产品
122		零售	盒马鲜生	上海	上海翌恒网络科技有限公司旗下拥有两个品牌，一个是盒马外卖，另一个是 O2O 生鲜的“盒马鲜生”体验店
123		零售	超级物种	上海	超级物种是一个生鲜 O2O 平台，致力于为用户提供新鲜、美味的食材，以及便捷的服务和优惠的折扣
124		零售	叮咚买菜	上海	叮咚买菜 2017 年 5 月上线，是生鲜新零售领域的生力军，解决了传统线上买菜的不确定性，做到了品质过硬、到家准时、品类齐全。叮咚买菜坚持 29 分钟送菜上门，0 起送费 0 配送费，实现了即需即点、所见所得、即时送达的极致用户体验，让用户觉得买菜很爽很任性。叮咚买菜的场景化思维、小区域高密度、小前台大后台等打法，突破了传统生鲜电商滞销损耗大、配送速度慢、到家成本高等困境
125		零售	我厨	上海	我厨是一家致力于提供都市餐桌一站式解决方案的移动生鲜电商平台，集自行加工生产、规模化中央厨房、全自配同城冷链等功能于一体，开创了全供应链运作、全品类销售、主打民生实惠生鲜和免洗免切净菜的 2C 生鲜运营模式

续表

序号	领域	板块	企业/平台	所在地	主要业务内容
126	生鲜零售	零售	缤果盒子	北京	缤果盒子是一家24小时智能无人值守便利店，为缤果水果旗下推出的全新社区智能化项目，目的是为高端社区居民提供更高品质的生鲜及便利服务。用户可通过手机远程智能遥控缤果盒子开关门，同时可在缤果盒子内在线支付商品
127		零售	天使之橙	上海	天使之橙是一家自动贩卖机研发商。通过自主研发、生产的智能设备，为消费者提供便捷、价格适中、质量信息可溯源的鲜榨橙汁
128		零售	美誉商城	黑龙江	黑龙江美誉生物科技有限公司旗下的美誉商城是一个生鲜电商平台，包括生态禽类制品、畜类产品、乳制饮品、果蔬产品、其他产品等
129		零售	幼鲜通	重庆	幼鲜通是一家幼儿园生鲜配送平台，专注幼儿园饮食食材服务，集采购、销售、配送、售后于一体，为用户提供膳食指南、营养食谱方案、配送网络、安全监控等服务，旗下拥有巴南蔬菜基地、彭水手工苕粉基地等
130		零售	易点鲜	陕西	作为中国生鲜业数字化领跑者，“易点鲜”秉承便民、助农之宗旨，以健全、完善数字化生鲜电商生态系统为使命，为百姓提供安全、便捷、方便、新鲜的极致体验，为社区合伙人提供一体化运营解决方案，推进整个生鲜行业的数字化发展进程

续表

序号	领域	板块	企业/平台	所在地	主要业务内容
131	生鲜零售	零售	阿甘生鲜	北京	阿甘生鲜是一家主打生鲜食品、蔬菜的垂直电商网站
132		零售	地利生鲜	黑龙江	地利生鲜是一家生鲜超市连锁品牌，主要布局在商业中心、居民社区及高校商圈等场所，服务于高端社区人群，产品涵盖水果、蔬菜、肉类、粮油、水产等品类，并通过建立中央仓储及物流系统，可为用户提供送货上门服务
133		零售	方信恒丰	湖北	农副产品种植、养殖、加工运输配送、信息咨询、检测，农业高新技术引进、研发，预包装食品、散装食品、初级农产品批发零售
134		零售	买菜邦	广东	买菜邦是一家O2O模式的菜品网上订购平台，专注于为没有时间去菜市场买菜、洗菜、切菜的用户提供健康、新鲜、卫生的菜品的网上订购服务（含微信端、网站）；用户可以网上订购、回家途中在超市或便利店取菜
135		零售	优鲜季	北京	优鲜季是一个生鲜电商平台，拥有自己的上游供应链资源，自建仓储与物流体系，在生鲜电商平台之外，还加入了魔镜、小宝机器人等智能互联网元素，意图通过生鲜充值赠送智能硬件的方式，实现“智能互联网+生鲜”的落地

续表

序号	领域	板块	企业/平台	所在地	主要业务内容
136	生鲜零售	零售	U 掌柜	浙江	U 掌柜用分布式库存和移动技术，颠覆传统生鲜电商，是一家集生鲜食品于一体的综合电子商务平台。充分满足顾客对生鲜产品“及时性”的需求，U 掌柜“1 小时达”承诺，顾客从提交订单开始，1 个小时内即能收货
137		零售	拼食材	四川	拼食材是一个食材供应平台，为客户提供食材代采及物流服务。隶属于四川代王物流有限公司
138		零售	七品生鲜	广东	七品生鲜是一家网上购买农产品生鲜平台，以农户、生态农庄、生鲜经营超市和消费者为中心的互联网电商运作平台，以 B2C、O2O（互联网+）、B2B 相结合的创新电商平台发展模式
139		零售	自由搭	陕西	自由搭是一个专注于生鲜电商的平台，致力于解决“最后一公里”的问题。自由搭将大型仓储小型化，建立线下的实体销售店，这些店就近分布在餐厅酒店、居民区内，既可以满足线上的生鲜需求，也可以满足线下的消费需求
140		零售	门兴农业	广东	农产品、绿色食品技术开发，园艺开发，初级农产品销售，农产品展示策划，信息市场咨询，国内贸易

续表

序号	领域	板块	企业/平台	所在地	主要业务内容
141	生鲜零售	零售	全直鲜	上海	全直鲜是一家开放的全球生鲜直采服务平台，利用互联网技术及冷链仓储物流优势，整合生鲜行业上下游资源，为生鲜行业从业者提供全球直采、全渠道分销、冷链仓储物流、信息系统、品牌营销推广，以及代理报关报检、代加工等服务
142		零售	原谷生鲜	江苏	原谷生鲜2014年于南京起航，通过多媒体自助终端、互联网、无线网络及生鲜直投保鲜柜，为居民搭建惠民平价、便捷购买、优质保鲜的服务体系。背靠江苏省及南京市农林业相关科研机构建立农产品基地，形成集种植、采摘、分拣、包装、配送于一体的产业链，减少流通环节，为了保证生鲜新鲜，短途冷链配送至生鲜直投站，站内直投保鲜柜，智能保鲜持续，确保生鲜纯正品质，进而实现从农产品基地到餐桌全程监控农产品质量
143		零售	味极生鲜	北京	销售日用品、新鲜蔬菜、新鲜水果、鲜蛋、食品
144		零售	盒豚鲜生	山东	整合各类市场，以B2C形式开展商对客的批发及零售

续表

序号	领域	板块	企业/平台	所在地	主要业务内容
145	生鲜零售	零售	快乐送	上海	快乐送致力于颠覆传统菜市场，改变旧的饮食习惯，给“快乐送”品牌注入健康养生新概念，注重社区O2O生鲜蔬果配送服务，研发移动互联网智能菜篮子科技平台，两头对接生态蔬果源头和社区家庭服务金牌店长，全面建立起产供销一体化的安全、智能配送体系，即“移动互联网+蔬果创新项目+商业创意推广营销模式”
146		零售	一品鲜生	山东	从事预包装食品、散装食品经营活动，批发及网上销售鲜水产品、生肉、蔬菜、水果，货物及技术进出口
147		零售	菜鸟食材	北京	菜鸟食材是一家生鲜外卖连锁店，用户通过菜鸟食材微信服务号或第三方外卖平台（美团、百度、饿了么）下单后，店员分拣、打包、称重，由第三方快递（人人快递、菜鸟）1~2小时配送至用户家中
148		零售	有好生鲜	河南	有好生鲜是一家生鲜新零售平台。根植各大型社区，采用“线下实体零售+线上电商零售”战略，依托UU平台的配送、技术及完整供应链优势，增强线下体验模式，为消费者提供优质、便利的生鲜服务

续表

序号	领域	板块	企业/平台	所在地	主要业务内容
149	生鲜零售	商超	生鲜传奇	安徽	生鲜传奇是一家生鲜服务商，立足生鲜及厨房周边商品，利用精准的货架管理和同城最低的价格，聚焦消费者家庭厨房的核心品类，为满足消费者一日三餐所需而努力
150		商超	华润万家	广东	华润万家是中央直属的国有控股企业集团、世界 500 强企业——华润集团旗下优秀零售连锁企业
151		商超	永辉	福建	永辉超市股份有限公司是一家经营生鲜农产品等的商业零售企业。公司的主要产品包括生鲜农产品、日用百货
152		商超	大润发	上海	大润发主要经营生鲜食品、各类副食品、日用杂品、家用纺织、文化体育用品和五金家电等，商品达 3 万多种
153		商超	京客隆	北京	京客隆集社区购物中心、大卖场、综合超市、便利店四种零售经营业态于一体，拥有 280 家零售网点，营业面积 30 余万平方米，自建常温和生鲜两个现代化配送中心，有效支撑零售业务的拓展
154		商超	联华	上海	销售生鲜蔬菜、粮油食品、副食品、定型包装食品、水产、鲜肉、禽蛋、茶叶、主食、加工农副产品等
155		商超	华联	北京	销售生鲜蔬菜、粮油食品、副食品、定型包装食品、水产、鲜肉、禽蛋、茶叶、主食、加工农副产品等

续表

序号	领域	板块	企业/平台	所在地	主要业务内容
156	生鲜零售	商超	清泉石	江苏	南京清泉石农产品有限公司是优质农产品线上线下销售商，开设线下体验店“小明炊烟生态农庄”，整合六合周边农村的特色生鲜农副产品，如咸货、鲜猪肉、活珠子、菜籽油、活鸭、盐水鹅、蔬菜、水果等，进行线上和线下的销售
157		商超	朴朴超市	福建	朴朴超市是一家生鲜快送服务提供商，涵盖果蔬、肉禽蛋奶、海鲜水产、粮油调味等品类，用户在朴朴超市选购商品后，根据定位配送地址，向附近骑手派单并进行配送；用户可通过 App 端及微信端获取服务
158		商超	红旗连锁	四川	公司已发展成为“云平台大数据+商品+社区服务+金融”的“互联网+现代科技”连锁企业，是中国 A 股市场便利连锁超市上市公司
159	大宗农产品	大宗	上海大宗农产品电子商务有限公司	上海	供应链管理，电子商务，食品农产品、饲料、电子产品的销售，计算机软件的开发、销售，技术咨询，货物及技术的进出口
160		大宗	深圳市大宗农产品电子商务有限公司	广东	在网上从事贸易活动，展览展销策划，文化活动策划，农林牧副渔，农业生产资料、农机、化肥等农副产品的批发与销售，进出口业务

续表

序号	领域	板块	企业/平台	所在地	主要业务内容
161	大宗农产品	大宗	中农网	广东	深圳市中农网有限公司运营农产品信息及B2B、B2C互联网业务，旗下的广西糖网、昆商糖网、中国茧丝交易网、中农易果、中农易贸、依谷网等在各自领域积累了丰富的行业经验，通过为客户提供专业有效的信息流、丰富可靠的商流、安全及时的资金流、快捷简便的物流等服务，帮助数千家行业优秀企业实现了供应、交易、采购价值最大化
162		大宗	依禾农品	上海	公司主营国内大宗农产品全产业链经营和生鲜食品跨境贸易与供应链服务，致力于让中国消费者获得海内外优质、安全、美味的水果、肉类、海鲜等产品
163		大宗	西安大宗农产品交易所	陕西	西安大宗农产品交易所是西北地区第一家专业从事大宗农产品电子交易及物流、信息等相关配套服务的第三方平台，是针对农产品行业的B2B电子商务平台，是面向全国乃至全球的大宗农产品的网上虚拟批发市场
164		大宗	粮达网	广东	粮达网是由中粮集团和招商局集团倾力打造的大宗农粮一站式综合服务平台，为用户提供集交易、结算、物流、金融、资讯、保障于一体的综合服务解决方案，营造公开、透明、守信的绿色农粮电商生态圈

续表

序号	领域	板块	企业/平台	所在地	主要业务内容
165	大宗农产品	大宗	海上鲜	浙江	海上鲜是一款对接渔民与生鲜采购商的提供撮合交易的生鲜B2B电子商务平台；公司同时研发“海上互联网移动平台”，也就是卫星宽带服务，帮助出海渔民获得海上Wi-Fi连接
166		大宗	有粮网	北京	中国大宗粮食电商服务平台
167		大宗	一亩田	北京	一亩田是一个主打农业的B2B信息服务及交易撮合的网站，为农产品交易者提供全面的线上供求信息服务、线下撮合对接服务，以及相关行情、资讯、农产品指数等综合服务，致力于为农民增收，为市民减负
168	农业旅游及特色小镇	农业园	锦潭小镇	广东	“高科技精品农业+生态旅游观光”为主体，发挥农业、水电和旅游三者互为促进的聚变效应，以农业产业推动生态旅游、以生态旅游拉动农业产业，努力创建国家现代农业产业园、农业特色小镇
169		农业园	东风农场	云南	以观光旅游为基础、文化体验旅游为核心、生态休闲度假为提升，形成红酒文化体验产品、红酒温泉养生度假产品为核心，农业观光产品、农业休闲产品为基础，商务度假产品、运动休闲产品、生态养生产品为辅助的七大产品系列
170		农业园	赵堤特色小镇	河南	打造一个农耕文化体验和高品位农业休闲体验的特色小镇——以农业为基础，集农业生产、农业观光、农耕文化体验、农业科教教育、生态度假、养生养老等功能于一体的农业主题小镇

续表

序号	领域	板块	企业/平台	所在地	主要业务内容
171	农业旅游及特色小镇	农业园	凤凰生态特色农业小镇	湖北	以农业为基础，集农业生产、农业观光、农耕文化体验、农业科教、商务休闲等功能于一体的农场主题小镇
172		农业园	山水田园小镇	广西	借助“农业生产多样化、农民生活现代化、旅游生态自然化”的措施，以再造新型乡村为指导，统筹农业、旅游度假产业、居住地产业，使其得以共生发展